PREMIERS ÉLÉMENTS

DE CHIMIE

SOCIÉTÉ ANONYME D'IMPRIMERIE DE VILLEFRANCHE-DE-ROUERGUE
Jules Bardoux, Directeur.

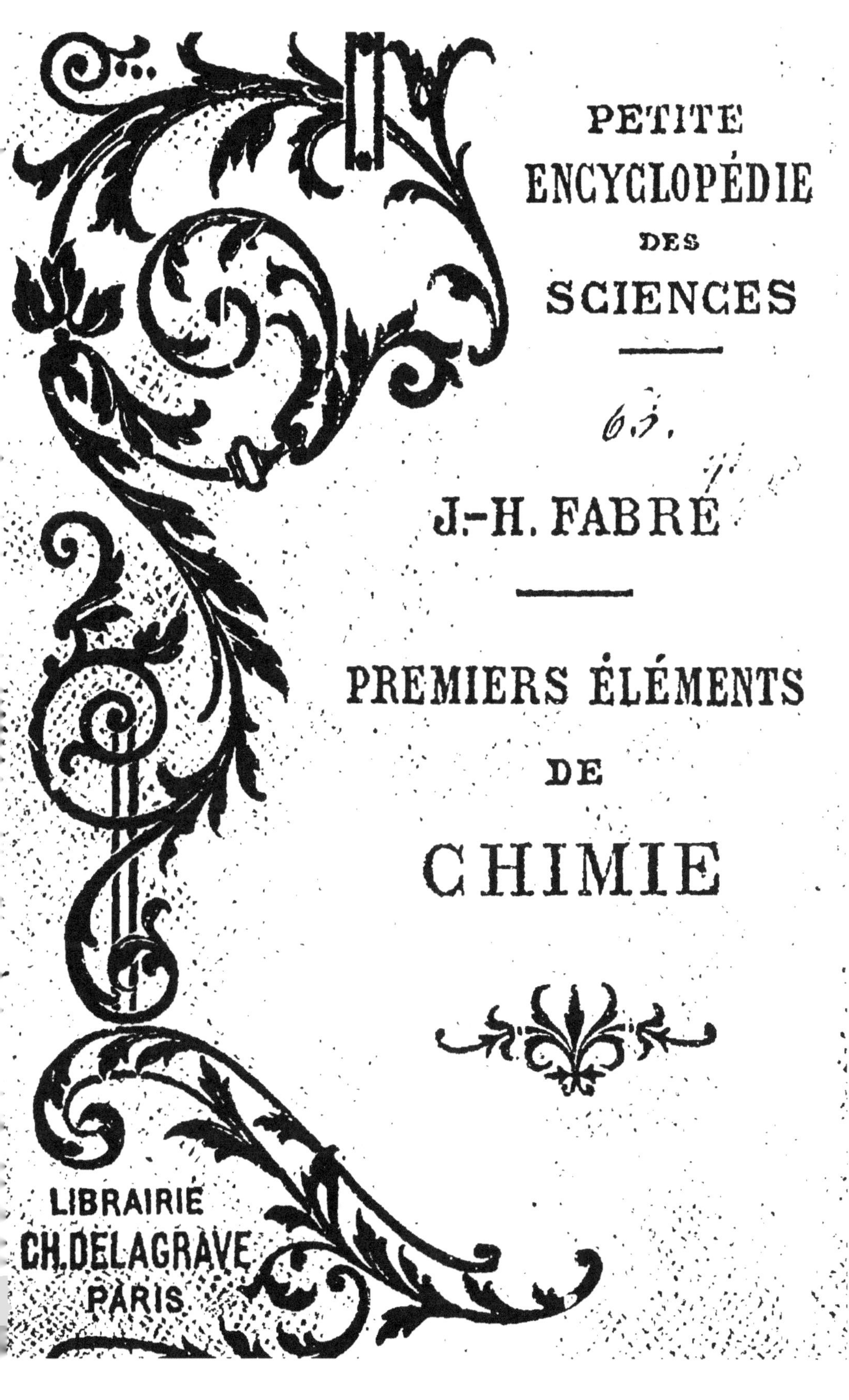

PETITE
ENCYCLOPÉDIE
DES
SCIENCES

J.-H. FABRE

PREMIERS ÉLÉMENTS

DE

CHIMIE

LIBRAIRIE
CH. DELAGRAVE
PARIS

PREMIERS ÉLÉMENTS

DE CHIMIE

SIMPLES NOTIONS
A L'USAGE DES ÉCOLES PRIMAIRES

PAR

J.-H. FABRE

ANCIEN INSTITUTEUR PRIMAIRE
MEMBRE CORRESPONDANT DE L'INSTITUT
(Académie des Sciences).

PARIS

LIBRAIRIE CH. DELAGRAVE

15 RUE SOUFFLOT, 15

1891

CHIMIE

CHAPITRE PREMIER

NOTIONS PRÉLIMINAIRES

1. Objet de la chimie. — La chimie a pour objet les propriétés des diverses substances et les transformations que ces substances éprouvent en s'associant entre elles ou bien se séparant.

2. Corps simples et corps composés. — Dans l'immense majorité des cas, on peut d'un même corps retirer plusieurs substances de nature diverse. C'est ce qui a lieu avec l'air, l'eau, le bois, la pierre. Dans d'autres cas, moins nombreux, tous nos moyens échouent pour retirer d'un corps autre chose que ce qu'il est lui-même. C'est ce qui a lieu avec le charbon, le soufre, le cuivre, le fer. Les premiers corps sont dits *corps composés ;* les seconds sont dits *corps simples ou éléments.* Les corps simples sont donc ceux dont on ne peut retirer qu'une seule substance, et les corps composés ceux dont on peut retirer plusieurs substances différentes. Les corps composés résultent de l'association des corps simples. Toute matière, n'importe son origine, minérale, végétale ou animale, se résout en un certain nombre de ces substances primordiales reconnues indécomposables par les moyens dont la chimie dispose. Le nombre des corps simples aujourd'hui connus est de soixante et dix environ.

3. Métalloïdes. — Les corps simples se divisent en deux séries. Les uns possèdent un éclat particulier appelé *éclat* *métallique;* ils conduisent bien la chaleur et l'électricité. Ce sont les *métaux.* Les autres, bien moins nombreux, sont dépourvus de cet éclat et conduisent mal la chaleur et l'électricité. Ce sont les *métalloïdes.* En se combinant avec l'oxygène, les métaux donnent principalement des *oxydes,* tandis que les métalloïdes donnent de *acides.* Ces deux expressions seront expliquées plus loin. Voici la série entière des métalloïdes, divisés en groupes dont les divers membres ont entre eux une certaine analogie dans leurs rôles chimiques :

* Oxygène (gazeux).
* Soufre (solide).
Sélénium (solide).
Tellure (solide).

———

Fluor (gazeux).
* Chlore (gazeux).
Brome (liquide).
* Iode (solide).

———

* Azote (gazeux).
* Phosphore (solide).
Arsenic (solide).

———

* Carbone (solide).
* Silicium (solide).
Bore (solide).

———

* Hydrogène (gazeux).

Les plus importants sont précédés d'un astérisque.

4. Métaux.— A part le mercure, qui est liquide, tous les autres métaux sont solides à la température ordinaire. Le cuivre est rouge, l'or est jaune, les autres sont d'un blanc plus ou moins pur. Leur nombre atteint presque la soixantaine. Les plus importants sont les suivants :

Potassium.	Étain.
Sodium.	Antimoine.
Calcium.	Cuivre.
Magnésium.	Plomb.
Manganèse.	Mercure.
Fer.	Argent.
Aluminium.	Platine.
Nickel.	Or.
Zinc.	

5. Combinaison. — Les corps composés résultent de l'association des corps simples, deux à deux, trois à trois, quatre à quatre, rarement au delà. Cette association prend le nom de *combinaison*.

Il importe de ne pas confondre combinaison et mélange. Un exemple établira la profonde différence qu'il y a entre les deux. On met ensemble de la fleur de soufre et de la tournure de cuivre. Si intime que soit la répartition des deux corps simples, ce n'est encore qu'un mélange. Il est possible, avec une loupe au besoin, de reconnaître ce qui est soufre et ce qui est cuivre et d'en faire le triage parcelle à parcelle.

Mais chauffons le mélange. Une brusque incandescence se déclare : la combinaison s'effectue. On a alors une matière noire, friable, qui n'est ni du soufre ni du cuivre, mais une substance nouvelle résultant de l'association des deux. Maintenant aucun triage n'est possible : la loupe, le microscope ne peut plus reconnaître ce qui est métalloïde et ce qui est métal. Voilà la combinaison. On dit donc que deux corps sont combinés lorsqu'il y a entre eux union intime. Alors les propriétés des corps composants disparaissent et font place, dans le composé, à des propriétés très fréquemment sans rapport aucun avec les premières. On nomme *affinité* la force qui produit l'intime union des substances combinées.

6. Les combinaisons s'effectuent en proportions pondérables définies. — Deux corps étant mis en présence, aptes à se combiner, on pourrait croire que la combinaison s'effectuera quelle que soit la proportion en poids de chacun d'eux, de même qu'un mélange se fait avec tel poids que l'on veut de chacun des divers corps mélangés. Rien de pareil n'a lieu. Les corps s'associent toujours dans les mêmes proportions pondérables, variables d'un corps à l'autre, mais fixes pour chacun d'eux. Si l'un des éléments est en excès par rapport aux autres, le surplus ne prend pas part à la combinaison.

7. Permanence du poids. — Le

poids d'un corps composé est exactement la somme des poids des corps qui le composent. Autant pesaient ensemble les éléments entrés dans une combinaison, autant pèse le résultat de cette combi-

Fig. 1. — Formation de l'acide phosphorique par la combustion du phosphore.

naison. Pareillement encore, lorsqu'une association est détruite, l'ensemble des substances provenant de cette décomposition reproduit le poids primitif. La matière, suivant ses associations ou ses dissociations, revêt tels et tels aspects ; mais un caractère persiste, invariable, indestructible : la quantité de matière, le poids. Dans aucune opération chimique, rien ne se crée, rien ne s'anéantit.

8. Corps binaires, ternaires, quaternaires. — Dans un corps composé il n'entre très fréquemment que deux corps simples, quelquefois trois, rarement quatre, plus rarement cinq et au delà. On nomme composés *binaires* ceux qui renferment deux corps simples, composés *ternaires* ceux qui en renferment trois, composés *quaternaires* ceux qui en renferment quatre.

9. Acides. — En tête des composés binaires se placent les *acides* et les *oxydes*, résultant de la combinaison de l'oxygène avec un autre corps simple.

Mettons un morceau de phosphore dans une capsule au milieu d'une assiette ; enflammons le phosphore et couvrons-le d'une cloche. La combustion a lieu avec formation de fumées blanches très épaisses. En même temps l'assiette et les parois de la cloche, qu'on a eu soin de bien des-

sécher, se couvrent d'une matière blanche qui ressemble à de la neige. Cette
substance est du phosphore brûlé, c'est-à-
dire combiné avec l'oxygène de l'air de la
cloche. Elle est d'une saveur aigre intolérable, elle rougit la teinture de tournesol, matière colorante bleue d'origine
végétale. Dissoute dans l'eau, elle communique à celle-ci les mêmes propriétés,
plus ou moins affaiblies. On lui donne le
nom d'*acide*.

Cette expression est généralisée, et
toute substance qui possède une saveur
aigre et rougit le tournesol prend également le nom d'*acide*. Il y a donc une foule
d'acides, par exemple ceux que forment
le charbon, le phosphore, le soufre en
brûlant, ceux que forment l'azote, l'arsenic, le chlore. Pour les désigner on ajoute
la terminaison *ique* au nom du métalloïde qui les fournit. Ainsi l'on dit: *acide
phosphorique, acide azotique, acide carbonique, acide chlorique,* etc., suivant que

le métalloïde de la combinaison acide est le phosphore, l'azote, le carbone, le chlore, etc.

Si le même métalloïde donne deux acides différents entre eux par la proportion d'oxygène, le plus oxygéné prend la terminaison *ique*, et le moins oxygéné la terminaison *eux*. C'est ce qui a lieu, par exemple, pour le soufre (en latin *sulfur*), qui donne d'une part l'acide *sulfurique*, plus riche en oxygène, et d'autre part l'acide *sulfureux*, moins riche en oxygène.

10. Oxydes. — Chauffons dans une capsule un globule de potassium. Le métal prend feu et se trouve rapidement converti en une matière blanche, qui n'est autre que le métal brûlé, c'est-à-dire combiné avec l'oxygène de l'air. Cette substance possède une saveur brûlante, intolérable ; elle ramène au bleu la teinture du tournesol préalablement rougie par un acide.

Si l'on associe le phosphore brûlé,
acide phosphorique, avec le potassium
brûlé, le premier perd sa saveur aigre
et sa propriété de rougir le tournesol,
le second perd sa saveur brûlante et sa
propriété de ramener au bleu le tournesol rougi. Le produit de cette association n'a presque pas de saveur ; il est
sans action sur le tournesol bleu ou
rougi. C'est ce qu'on nomme un *sel*.

Le fer, le zinc, le cuivre, le plomb et
la plupart des métaux enfin, en se combinant avec l'oxygène, fournissent des
composés analogues au potassium brûlé.
Ces composés n'ont pas de saveur brûlante, il est vrai ; ils ne bleuissent pas le
tournesol rougi, parce qu'ils sont insolubles dans l'eau ; mais ils possèdent du
moins la propriété fondamentale du potassium brûlé, savoir, de s'associer aux
acides pour former des sels. On nomme
oxydes ces composés oxygénés. Le produit de la combustion du potassium est

de l'*oxyde de potassium* ; celui de la combustion du fer est de l'*oxyde de fer*.

11. Sels. — Un sel résulte de l'association d'un acide et d'un oxyde. Pour désigner un sel, au lieu des terminaisons *ique* et *eux* on emploie les terminaisons *ate*, et *ite*, et l'on fait suivre l'expression ainsi modifiée du nom de l'oxyde, ou tout simplement du métal qui fournit cet oxyde. Ainsi l'acide carbonique et la chaux (oxyde de calcium) forment un sel appelé *carbonate de chaux* ; l'acide phosphorique et la potasse (oxyde de potassium) donnent le *phosphate de potasse* ; l'acide sulfurique et l'oxyde de fer donnent le *sulfate de fer*. Pareillement l'acide sulfureux et la soude (oxyde de sodium) produisent le *sulfite de soude*.

12. Composés non oxygénés. — La combinaison d'un métalloïde autre que l'oxygène avec un métal se désigne en faisant suivre de la terminaison *ure* le nom du métalloïde. Ainsi la combinaison du soufre et du cuivre se nomme *sulfure de cuivre*, celle du chlore avec le sodium *chlorure de sodium*.

Si la combinaison a lieu entre deux métalloïdes, l'oxygène excepté, on met en tête, avec la terminaison *ure*, celui des deux qui vient avant l'autre dans la série des métalloïdes tels qu'ils sont classés à la page 7. Exemple : *sulfure de carbone, chlorure d'iode*.

13. Hydracides. — En se combinant avec l'hydrogène, le soufre, le chlore, le fluor, le brome et l'iode produisent des composés qui possèdent la saveur aigre et rougissent le tournesol. Ces composés prennent le nom *d'hydracides*, c'est-à-dire acides hydrogénés. Le soufre et l'hydrogène donnent l'acide *sulfhydrique;* le chlore et l'hydrogène, l'acide *chorhydrique;* le fluor et l'hydrogène, l'acide *fluorhydrique*.

14. Alliages. — Les associations des métaux entre eux prennent le nom *d'al-*

liages. Ainsi la monnaie d'argent est un alliage d'argent et de cuivre. Un alliage dans lequel entre le mercure prend le nom d'*amalgame*.

QUESTIONNAIRE

1. Quel est l'objet de la chimie?

2. Qu'appelle-t-on corps simples? — Quel est leur nombre? — Qu'appelle-t-on corps composés?

3. Comment divise-t-on les corps simples?— Dites les caractères généraux des métalloïdes et ceux des métaux. — Quels sont les principaux métalloïdes?

4. Quels sont les principaux métaux?

5. En quoi une combinaison diffère-t-elle d'un mélange? — Donnez un exemple.

6. Les combinaisons ont-elles lieu en toute espèce de proportions?

7. Le poids change-t-il quand les corps s'associent ou se séparent? — Pouvons-nous créer ou détruire la matière?

8. Quel sont les corps binaires, ternaires et quaternaires?

9. Donnez un exemple de la formation d'un acide. — Dites le caractère général des acides. — Comment désigne-t-on les acides?

10. Donnez un exemple de la formation d'un

oxyde. — Comment se nomme la combinaison d'un acide et d'un oxyde?

11. Comment se dénomment les sels?

12. Comment se nomment les combinaisons d'un métalloïde et d'un métal, ou bien de deux métalloïdes, l'oxygène non compris?

13. En quoi consistent les hydracides?

14. Qu'entendez-vous par alliage, par amalgame?

MÉTALLOÏDES

CHAPITRE II

OXYGÈNE. — AZOTE. — AIR ATMOSPHÉRIQUE.

1. Oxygène. — C'est un gaz sans odeur et sans couleur, dont le caractère distinctif est de rallumer aussitôt une bougie récemment éteinte et conservant encore dans sa mèche un point en ignition. Dans ce gaz, le charbon, le soufre, le phosphore, brûlent avec un éclat, une activité extraordinaires. Divers métaux, le fer en particulier, y brûlent tout aussi aisément. Ainsi un fil de fer roulé en spirale et portant à l'extrémité un morceau d'amadou allumé prend feu dans un fla-

con plein d'oxygène, lance de vives étincelles et se transforme en *oxyde de fer,*
qui est du fer brûlé.

2. Rôle de l'oxygène. — L'oxygène

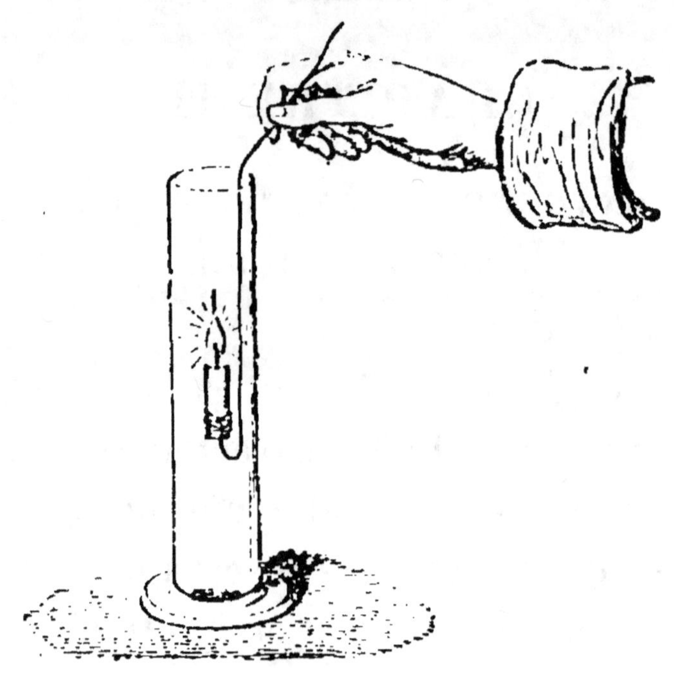

Fig. 2. — Bougie se rallumant dans l'oxygène.

est le principe actif de la *combustion.*
C'est lui qui, se combinant avec un combustible, bois, charbon, huile, etc., donne
chaleur et lumière dans nos foyers et nos
appareils d'éclairage. Il est le principe

actif de la *respiration*. En se combinant avec divers matériaux fournis par les aliments, il produit la chaleur de la vie.

Fig. 3. — Combustion du soufre dans l'oxygène.

Il est l'*air vital* par excellence, comme l'appelaient les anciens chimistes. Pour l'importance du rôle rempli dans l'ensemble des choses, aucun corps simple ne peut lui être comparé. Il fait partie de l'air atmosphérique, il est indispensable à la vie des animaux ainsi qu'à celle des plantes. Tout ce qui vit, animal ou plante, vit avant tout par lui. Il entre dans la composition de l'eau, il fait partie de la substance de l'animal, il fait partie de la

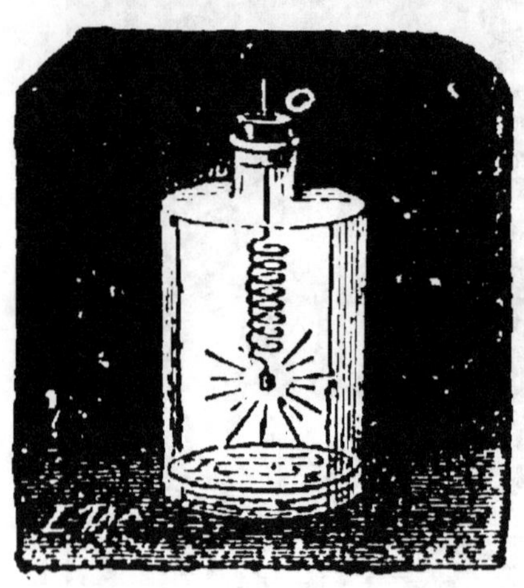

Fig. 4. — Combustion du fer dans l'oxygène.

substance du végétal. L'immense majorité des matières minérales constituant l'écorce terrestre renferme de l'oxygène. La terre, les pierres, les sables, les argiles, enfin toutes les matières minérales constituant le sol, sont des corps brûlés par l'oxygène, des oxydes, des sels.

3. Azote. — L'azote est un gaz incolore, inodore. Une bougie allumée qu'on plonge dans un flacon plein d'azote s'éteint à l'instant. Un animal introduit dans une atmosphère d'azote périt après quelques inspirations. Ce n'est pas à dire que l'azote soit un poison : nous en respirons sans cesse, mais mélangé avec de l'oxygène. Quand donc un animal meurt dans l'azote, ce n'est pas à cause de ce dernier gaz, mais à cause de l'absence de l'oxygène.

4. Air atmosphérique. — L'air forme autour de la terre une couche, dite *atmosphère*, d'une quinzaine de lieues d'épaisseur. C'est un *mélange* d'oxygène et d'azote, dans la proportion de 21 volumes d'oxygène pour 79 volumes d'azote. Ce dernier, par sa présence, tempère les énergies trop violentes de l'oxygène.

5. Air dissous dans l'eau. — L'air, indispensable à la vie des animaux terrestres, ne l'est pas moins à la vie des animaux aquatiques. Ceux-ci respirent comme les premiers; ils respirent de l'air, seulement cet air est dissous dans l'eau. Par l'ébullition, l'air dissous se dégage et disparait. Mis dans de l'eau récemment bouillie puis refroidie, un poisson périt, ne trouvant plus dans le liquide l'élément respirable.

QUESTIONNAIRE

1. Qu'est-ce que l'oxygène? — A quel caractère reconnait-on ce gaz? — Comment brûlent le charbon, le soufre et autres combustibles dans l'oxygène? — Le fer peut-il y brûler?

2. Le rôle de l'oxygène est-il considérable? — Que savez-vous sur la combustion et sur la respiration? — Comment appelait-on autrefois l'oxygène? — Dites quelques mots des composés dont il fait partie.

3. Que savez-vous sur l'azote? Que deviennent dans l'azote une bougie allumée, un animal vivant? — L'azote est-il un poison? — Pourquoi un animal périt-il si promptement dans l'azote?

4. Qu'est-ce que l'atmosphère? — De quoi se

compose l'air atmosphérique? — Les deux gaz y sont-ils combinés ou mélangés? — Quel rôle remplit l'azote dans l'air atmosphérique ?

5. Les animaux aquatiques respirent-ils? — Comment chasse-t-on l'air dissous dans l'eau ? — Que deviendrait un poisson dans une eau ainsi privée d'air?

CHAPITRE III

HYDROGÈNE. — EAU.

1. Hydrogène. — Comme les deux corps simples précédents, l'hydrogène est un gaz sans couleur et sans odeur. C'est le plus léger de tous les corps connus ; il pèse quatorze fois et demie moins que l'air, ou environ un décigramme par litre. Il est impropre à entretenir la combustion, mais il est combustible lui-même et brûle avec une facilité qu'aucun autre corps ne présente au même degré. Si l'on plonge une bougie allumée dans une éprouvette renversée pleine d'hydrogène, la couche de gaz en rapport avec l'air prend feu et brûle avec une flamme très pâle, tandis que la bougie s'éteint aussitôt qu'elle pénètre dans l'hydrogène.

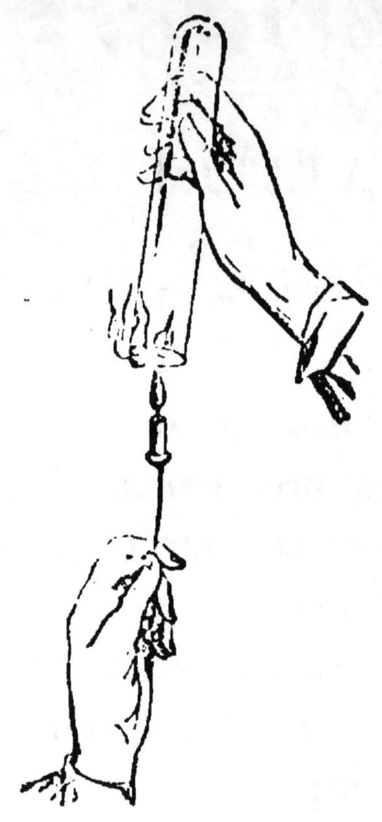

Fig. 5. — Bougie s'éteignant dans l'hydrogène.

Ce gaz est donc combustible et non comburant. Par cela même, il est impropre à la respiration, car le but de la respiration est d'introduire dans le corps de l'animal une substance comburante qui doit brûler certains matériaux et produire ainsi la chaleur nécessaire à l'exercice de la vie. Rien n'est respirable que l'oxygène, car lui seul est comburant.

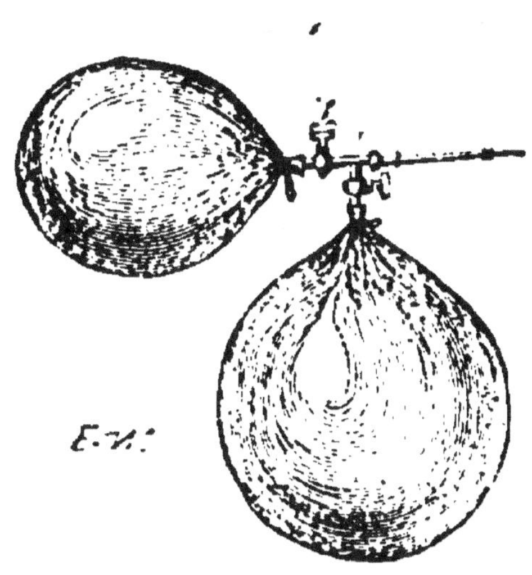

Fig. 6. — Chalumeau à gaz oxy-hydrogène.

Dans l'expérience précédente, on tient l'éprouvette renversée, l'orifice en bas, pour la conserver pleine d'hydrogène. L'éprouvette étant tenue l'orifice en haut, l'hydrogène s'échapperait, à cause de sa grande légèreté, et l'air, beaucoup plus lourd, viendrait prendre sa place.

2. Propriétés de l'hydrogène. —

Un mélange d'un volume d'oxygène et de deux volumes d'hydrogène prend le nom de *mélange détonant*, parce que dès l'approche d'un corps allumé les deux gaz se combinent avec une brusque et puissante détonation. Le résultat de la combinaison est de l'*eau*. Ce mélange, à cause de ses propriétés explosives, est une matière des plus redoutables, sur laquelle on doit veiller avec une extrême prudence.

De tous les combustibles, l'hydrogène est celui qui, à poids égal, développe le plus de chaleur. La plus haute température est obtenue quand la combustion se fait dans de l'oxygène pur, et que la proportion des deux gaz est de deux volumes d'hydrogène pour un volume d'oxygène. Mais comme pareil mélange amènerait des explosions très dangereuses, on se borne à mêler les deux gaz au moment où ils sortent de leurs réservoirs respectifs. Dans la flamme obtenue de la sorte, le platine, un des corps les plus difficiles à fondre, entre rapidement en fusion ; l'or et l'argent disparaissent, réduits en vapeurs bleuâtres. Enfin le faible poids de l'hydrogène a fait long-temps employer ce gaz au gonflement des aérostats. Aujourd'hui, pour le même usage, on préfère le gaz de l'éclairage, un peu plus lourd il est vrai, mais plus facile à obtenir, par la distillation de la houille.

3. Eau. — L'eau est composée d'hydrogène et d'oxygène, dans les proportions du mélange détonant, deux volumes du premier gaz pour un volume du second. Dans la composition d'un litre d'eau, il entre 1,240 litres d'hydrogène et 620 d'oxygène, en tout 1,860 litres de gaz.

4. Eau ordinaire. — Telle qu'elle nous est habituellement connue, l'eau renferme toujours des matières étrangères en dissolution, matières dont elle s'est chargée dans son parcours à travers l'atmosphère et le sol. Les plus fréquentes sont : l'air, le gaz carbonique, le carbonate de chaux, le sulfate de chaux et des matières d'origine animale ou végétale. Si l'on fait évaporer à siccité dans un vase de l'eau d'une limpidité parfaite, soit de source, soit de rivière, soit de puits, n'importe, il y a toujours un résidu terreux, provenant des diverses matières tenues d'abord en dissolution.

5. Eaux légères. — Au point de vue des usages domestiques, on distingue les eaux *légères* et les eaux *lourdes*. Les premières seules peuvent par excellence servir à la boisson. Une eau légère renferme de l'air en dissolution. Le résidu terreux qu'elle laisse par l'évaporation pèse d'un à deux décigrammes par litre. De plus, ce résidu ne contient pas de matières organiques, ce que l'on reconnait au caractère de ne pas brunir quand on le chauffe fortement. Enfin une eau légère est agréable au goût, fraîche en été sans être glacée en hiver ; elle conserve sa limpidité malgré l'ébullition ; elle dissout le savon et est propre à faire cuire les légumes.

6. Eaux lourdes. — Une eau *lourde* ou *crue*, ainsi appelée parce qu'elle est difficile à digérer et pèse à l'estomac, contient peu d'air en dissolution et laisse, par l'évaporation, un résidu terreux exagéré, qui fréquemment brunit par une forte chaleur, à cause des matières organiques qu'il renferme. Elle se trouble presque toujours par l'ébullition ; elle a un goût fade ; elle produit beaucoup de grumeaux en dissolvant le savon et se prête mal au savonnage ; elle n'est pas propre à la cuisson des légumes.

QUESTIONNAIRE

1. Qu'est-ce que l'hydrogène ? — Quel est son poids ? — A quel caractère se reconnaît l'hydrogène ? — Comment démontre-t-on qu'il est plus léger que l'air ? — L'hydrogène est-il respirable ?

2. Qu'appelle-t-on mélange détonant? — Que résulte-t-il de l'explosion de ce mélange? — Quel est le combustible qui produit le plus de chaleur? — Donnez quelques exemples du pouvoir calorifique de l'hydrogène. — Citez un emploi de l'hydrogène.

3. De quoi se compose l'eau? — Que fournirait un litre d'eau décomposée en ses deux éléments?

4. Quelles matières étrangères contient l'eau ordinaire?

5. Quelles sont les eaux propres aux usages domestiques? — Dites les caractères des eaux légères.

6. Dites les caractères des eaux lourdes. — Comment se reconnaissent les matières d'origine organique que peut contenir le résidu terreux d'une eau lourde?

CHAPITRE IV

1. Carbone : diamant. — La chimie donne le nom de *carbone* au charbon pur. La variété la plus remarquable de ce corps simple est le *diamant,* que l'on trouve, à l'état de cristaux, dans certaines couches sablonneuses du Brésil, de l'Inde, du Cap. Le diamant est le plus dur de tous les corps connus ; il raye tous les corps et il n'est rayé par aucun. A cause de son extrême dureté, il est employé à former des pivots pour certaines pièces délicates d'horlogerie ; les vitriers s'en servent pour couper le verre. Taillé à facettes, il possède un vif éclat, qui lui donne une grande importance en joaillerie. Chauffé dans de l'oxygène, il se convertit en acide carbonique et disparaît en entier sans laisser de résidu ou cendre, preuve de sa pureté comme carbone. Tous les autres charbons, au contraire, laissent des cendres, provenant des matières étrangères plus ou moins abondantes accompagnant le carbone.

2. Graphite ou plombagine. — Cette variété de carbone, nommée aussi *mine de plomb*, bien que le plomb ne soit ici pour rien, est un produit naturel d'un gris noirâtre, d'un brillant métallique, qui laisse sur le papier une tache noire et luisante. Cette propriété le fait utiliser pour la fabrication des crayons. On en frotte les fourneaux en fonte et les tuyaux de poêle pour leur communiquer du brillant. Il est bon alors de délayer la plombagine dans un peu de vinaigre ou de bière.

3. Anthracite, houille, lignite, tourbe. — Ces diverses espèces de charbons proviennent de débris végétaux enfouis plus ou moins profondément par les révolutions du globe. L'*anthracite* se trouve dans les terrains les plus anciens. Elle est compacte, d'un noir brillant, et ne brûle bien qu'en grand amas. La *houille*, de formation plus récente, brûle avec flamme, fumée noire et odeur bitumineuse. Le *lignite*, plus récent encore, a l'aspect de la houille sans en avoir la valeur comme combustible. La *tourbe* est une matière brune qui se forme encore de nos jours dans les bas-fonds marécageux par l'accumulation et la pourriture de diverses plantes.

4. Coke. — La houille calcinée dans des cylindres ou cornues pour la fabrication du gaz de l'éclairage laisse un résidu charbonneux, le *coke*, de couleur gris de fer et d'éclat demi-métallique. Il donne plus de chaleur que le charbon

de bois, mais est de combustion plus difficile.

5. Noir de fumée. — Le *noir de fumée*
n'est autre que la matière poudreuse et
noire que peut déposer sur un corps froid
la mèche d'une lampe. Il provient de la
combustion incomplète de certaines matières riches en charbon, substances grasses et goudron. Il sert pour la peinture
et pour la fabrication de l'encre d'imprimerie.

6. Charbon de bois. — On prépare
ce charbon dans les forêts par la combustion incomplète d'amas ou meules de
bois, que l'on recouvre de terre et de
mottes de gazon afin d'amoindrir l'accès
de l'air. Pareil charbon s'obtient dans nos
foyers, dans les fours des boulangers,
partout enfin où le bois n'est pas complètement brûlé.

Le charbon de bois est éminemment
apte à absorber les gaz dans sa masse
poreuse, et par suite à désinfecter. Cette

propriété nous explique pourquoi, dans les villes où l'on a recours à l'eau des fleuves pour l'alimentation, on la purifie en la filtrant sur un lit de charbon; pour-

Fig. 7. — Carbonisation du bois en meules.

quoi l'on carbonise l'intérieur des tonneaux où l'eau destinée à la boisson doit se conserver longtemps; enfin pourquoi l'on fait intervenir le charbon dans la désinfection des fosses d'aisance.

7. Charbon animal. — Modérément brûlés, les os des animaux donnent une matière noire appelée *charbon animal* ou *noir animal*, qui renferme à peine un neuvième de véritable charbon, tandis que tout le reste est composé de matières minérales. Sa propriété caractéristique est d'absorber les matières colorantes. Pour obtenir le sucre blanc en pain, les raffineries décolorent, avec le charbon animal, la matière sucrée brute dissoute dans l'eau.

8. Acide carbonique. — En brûlant, c'est-à-dire en se combinant avec l'oxygène, le carbone se convertit en *acide carbonique*. C'est un gaz incolore, invisible, doué d'une odeur légèrement piquante quand on le respire en quantité un peu abondante, sans odeur sensible s'il est mélangé avec beaucoup d'air. Il se dissout assez bien dans l'eau, à laquelle il communique une saveur aigrelette. Il est plus lourd que l'air et pèse environ deux grammes par litre. Il éteint les corps en combustion. Une bougie allumée qu'on plonge dans une éprouvette pleine de ce gaz s'éteint à l'instant. Il est impropre à la respiration. Dans une atmosphère de gaz carbonique, un animal succombe dès les premières inspirations. Disons-le encore : excepté l'oxygène et l'air atmosphérique, tous les gaz tuent quand ils sont respirés, tantôt à cause de leurs propriétés toxiques, tantôt uniquement par défaut d'oxygène, dont ils ne peuvent en rien tenir la place dans le travail respiratoire. Le gaz carbonique est dans ce dernier cas : il n'est pas délétère par lui-même. Nos poumons en contiennent toujours, ainsi que nous allons le voir.

9. Atmosphères viciées par l'acide carbonique. -- Le gaz carbonique est fréquent au fond des puits abandonnés, dans les excavations d'où s'extrait la marne, dans les galeries des houillères où l'air pénètre difficilement, dans les grottes récemment ouvertes. Ce gaz se forme d'ailleurs en abondance, dans nos habitations, par la combustion du charbon et aussi par le travail chimique qui convertit en vin le moût ou liquide sucré des raisins. On voit alors combien il est imprudent d'entrer sans précaution dans une cuve à vendanges, dans un cellier où la fermentation se fait, et aussi dans une grotte, un puits, une carrière abandonnée. On ne doit le faire qu'en portant devant soi une bougie allumée fixée à un long bâton. Si la flamme pâlit, s'amoindrit, et à plus forte raison s'éteint, il faut rétrograder sur-le-champ : le gaz carbonique est là. Le moyen le plus efficace pour assainir une atmosphère envahie par le gaz carbonique, c'est une bonne ventilation qui renouvelle l'air.

10. Liquides mousseux. Eaux gazeuses. — Les liquides mousseux, bière, vin de champagne, cidre, limonade gazeuse, doivent leur propriété au gaz carbonique qu'ils renferment en dissolution. Quelques eaux naturelles en contiennent tellement qu'elles moussent et possèdent une saveur aigrelette. On les nomme *eaux minérales gazeuses*. Telles sont les eaux de Seltz, de Vichy. Ces eaux gazeuses peuvent être préparées artificiellement.

11. Production de l'acide carbonique dans la respiration. — L'air que la respiration rejette des poumons contient une forte proportion de gaz carbonique qu'il ne contenait pas au moment de l'inspiration. Il s'est effectué dans tout le corps, par le concours de l'oxygène de l'air, une véritable combustion, cause de la chaleur vitale, et l'un des produits de cette combustion, le gaz carbonique, est rejeté avec l'azote non employé. Pour démontrer cette abondance du gaz carbonique dans l'air expiré, il suffit de souffler avec un tube de verre dans de l'eau de chaux parfaitement liquide. Aussitôt le liquide se trouble et devient d'un blanc laiteux, parce que l'acide carbonique se combine avec la chaux dissoute et forme du carbonate de chaux, de la craie.

Vivre, c'est se consumer dans l'acception la plus rigoureuse du mot ; respirer, c'est brûler. On a dit de tout temps en style figuré : le flambeau de la vie. Il se trouve que l'expression figurée est l'expression exacte de la réalité. L'air consume le flambeau en produisant du gaz carbonique ; il consume l'animal en produisant le même gaz. Il fait répandre au flambeau chaleur et lumière ; il fait produire à l'animal chaleur et mouvement. Sans air, le flambeau s'éteint ; sans air, l'animal meurt.

12. Nutrition des plantes. — Le gaz carbonique, sans cesse rejeté dans l'atmosphère par la combustion, la respiration et autres causes, sert à la nutrition des végétaux. Les feuilles et autres parties vertes l'absorbent, le décomposent sous l'influence des rayons du soleil, en rejettent l'oxygène, propre de nouveau à la combustion, à la respiration, et en gardent le carbone, qui, associé avec d'autres corps simples, devient matière à bois, à fleurs, à fruits, à semences.

13. Oxyde de carbone. — Incomplètement brûlé, c'est-à-dire combiné avec moitié moins d'oxygène que dans l'acide carbonique, le charbon donne l'*oxyde de carbone*, gaz invisible, sans odeur, apte à brûler avec une belle flamme bleue. L'oxyde de carbone est très vénéneux. Respiré même en petite quantité, il provoque d'abord une violente migraine, un malaise général, puis des nausées, le vertige et la perte du sentiment. Pour peu que cet état se prolonge, la vie est en péril. On ne saurait être trop prudent dans l'emploi des poêles, des chaufferettes, des réchauds à braise, car l'oxyde de carbone se produit toujours lorsque la combustion est rendue difficultueuse par un tirage insuffisant. Les asphyxies par le charbon n'ont pas d'autre cause que ce gaz redoutable.

QUESTIONNAIRE

1. Que désigne le terme de carbone? — Qu'est-ce que le diamant? — Où le trouve-t-on? — Quels sont ses emplois?

2. Qu'appelle-t-on graphite? — Quels noms lui donne-t-on encore? — Quels sont ses usages?

3. Quels sont les divers charbons que l'on extrait de la terre? — D'où proviennent-ils? — Quel est le meilleur comme combustible?

4. Qu'est-ce que le coke?

5. Que savez-vous sur le noir de fumée?

6. Comment s'obtient le charbon de bois? — Quelle propriété le fait employer comme désinfectant? — Citez quelques exemples.

7. Qu'est-ce que le charbon animal? — A quoi sert-il?

8. Que produit le charbon en brûlant? — Dites les principales propriétés de l'acide carbonique. — Ce gaz est-il vénéneux?

9. Dans quelles conditions se forme et se rencontre l'acide carbonique? — Quelles précautions faut-il prendre contre ce gaz?

10. Que savez-vous sur les liquides mousseux? — Qu'appelle-t-on eaux minérales gazeuses? — Citez les plus connues.

11. Que contient l'air venu des poumons? — Comment se constate la présence du gaz carbonique? — Expliquez cette expression : le flambeau de la vie.

12. Que devient le gaz carbonique rejeté sans cesse dans l'atmosphère?

13. Dites les propriétés de l'oxyde de carbone. — Ce gaz est-il bien dangereux?

CHAPITRE V

CARBURES D'HYDROGÈNE. — GAZ
DE L'ÉCLAIRAGE.

1. Gaz des marais. — Les combinaisons du carbone avec l'hydrogène sont très nombreuses. L'une d'elles est le *gaz des marais* ou *protocarbure d'hydrogène*, produit des matières végétales pourrissant sous l'eau. Quand on remue la vase des eaux stagnantes, il monte à la surface des bulles gazeuses que l'on peut enflammer par l'approche d'un corps allumé. Elles prennent feu avec une légère explosion et produisent une flamme très pâle, à peine visible de jour. Certains puits artésiens, certains volcans boueux, ainsi que de simples fissures du sol, en dégagent des quantités si considérables, que dans diverses localités, en Chine, sur les bords de la Caspienne, dans le district de l'Ontario dans l'Amérique du Nord, on l'emploie comme source de lumière et de chaleur. Certaines de ces sources de feu brûlent depuis les temps les plus anciens.

2. Feu grisou. — La houille, produit de la décomposition d'antiques végétaux, laisse souvent se dégager de sa masse du protocarbure d'hydrogène qui, se mélangeant avec l'air des galeries, forme une atmosphère explosive. A l'approche d'un corps allumé, cette atmosphère prend feu, violemment détone et amène les accidents les plus désastreux. Parfois des centaines d'ouvriers périssent comme foudroyés : les uns sont brûlés par les flammes, d'autres sont projetés contre les parois des galeries, beaucoup sont ensevelis sous les éboulements.

3. Bicarbure d'hydrogène. — Deux

fois plus riche en carbone que le composé précédent, ce carbure est un gaz inco-

Fig. 8. — Fabrication du gaz d'éclairage.

lore, qui brûle, au contact de l'air, avec une belle flamme blanche très éclairante. Comme le premier, il constitue, en mélange avec l'oxygène ou tout simplement avec l'air, une substance explosive d'une dangereuse puissance. Il fait partie du *gaz de l'éclairage.*

4. Gaz de l'éclairage. — On l'obtient en chauffant de la houille au rouge dans de grands cylindres en fonte sans communication avec l'air. Après épuration à travers l'eau, la chaux et autres matières qui le débarrassent du goudron, des gaz fétides ou non combustibles, le produit est un mélange de bicarbure d'hydrogène, de gaz des marais, d'hydrogène, d'oxyde de carbone. On l'emmagasine, jusqu'au moment de sa dépense, dans un *gazomètre,* c'est-à-dire dans une vaste cloche en tôle rivée qui plonge inférieurement dans l'eau d'une cuve en maçonnerie. Des tuyaux de distribution, partant du gazomètre, le conduisent aux candélabres où se fait la combustion pour l'éclairage. Les principaux résidus de la distillation de la houille sont le *coke,* excellent combustible dont nous avons déjà parlé, et le *goudron,* d'où se retirent diverses substances propres à la fabrication de superbes matières tinctoriales.

5. Flamme. — Lorsque la lumière est l'effet d'une combinaison chimique, tantôt elle émane d'une masse gazeuse, tantôt d'un corps solide. Dans le premier cas, il y a *flamme;* dans le second, il y a simplement *incandescence.* La mèche d'une bougie qui brûle est *incandescente;* l'enveloppe lumineuse qui l'entoure est enflammée. Un corps brûle donc avec flamme lorsqu'il dégage des matières gazeuses, des vapeurs combustibles. En somme, la flamme est un gaz porté, par la combinaison chimique, à une température qui la rend lumineuse.

6. Effet des toiles métalliques. — Une toile métallique est un tissu de fils de métal à mailles plus ou moins serrées. A cause de leur grande conductibilité pour la chaleur, de pareils tissus refroidissent rapidement les gaz allumés qui les traversent et en éteignent la flamme.

Si l'on met une toile métallique en travers
de la flamme d'une bougie, d'un bec de

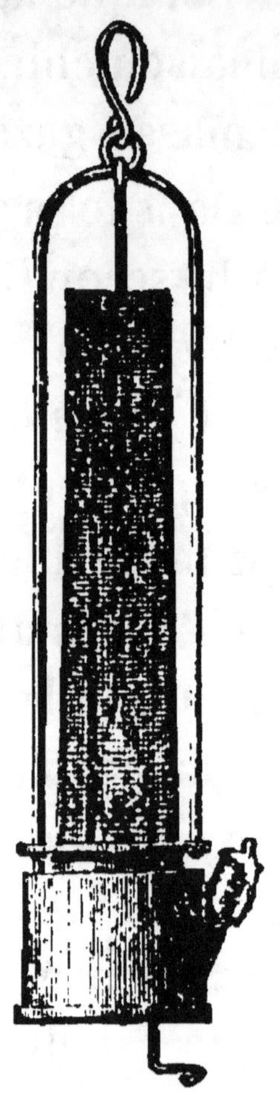

Fig. 9. — Lampe de sûreté.

gaz, la flamme s'arrête à la toile, obstacle
au delà duquel la combustion ne se fait
plus ; cependant le courant gazeux con-

linue son ascension à travers les mailles, sans rien perdre de sa combustibilité, car si l'on approche un corps allumé du point où il traverse la toile, il prend feu et continue la flamme interrompue située au-dessous.

7. Lampe de sûreté. — Dans les galeries des houillères où le *grisou* met les mineurs en terrible danger, on fait usage de la lampe de sûreté, consistant en une lampe ordinaire entourée d'un cylindre en toile métallique. A travers cette toile, l'air nécessaire à l'entretien de la lampe et les produits de la combustion circulent librement; et malgré cela le feu ne peut se mettre au mélange détonant dans lequel la lampe viendrait à se trouver plongée, parce que la toile métallique empêche la flamme de se propager au dehors.

QUESTIONNAIRE

1. Qu'appelle-t-on carbure d'hydrogène ? —

Que savez-vous sur le gaz des marais? — En quoi consistent les sources de feu naturelles?

2. Qu'est-ce que le feu grisou? — Quels sont ses effets?

3. Dites les propriétés du bicarbure d'hydrogène.

4. Comment s'obtient le gaz de l'éclairage? — Que contient-il? — Qu'est-ce que le gazomètre? — Quels sont les principaux résidus de la fabrication du gaz de l'éclairage?

5. Quelle différence y a-t-il entre un corps incandescent et un corps enflammé? — Qu'est-ce que la flamme?

6. Quels effets produit une toile métallique sur une flamme?

7. En quoi consiste la lampe de sûreté des mineurs? — Comment agit-elle?

CHAPITRE VI

1. Acide azotique. — Combiné avec
l'oxygène, l'azote donne plusieurs composés, dont le principal est l'*acide azotique*, que l'industrie obtient en décomposant, par l'acide sulfurique, l'azotate de
potasse, vulgairement *nitre* ou *salpêtre*.
Cette origine vaut à l'acide azotique la
dénomination d'*acide nitrique*, aussi employée que l'autre. Dans les usages industriels, on l'appelle encore *eau-forte*,
à cause de ses puissantes énergies. C'est
un liquide incolore quand il est pur et
récemment préparé; mais il devient jau-

nâtre avec le temps. Il répand des fumées blanches ; il attaque fortement les bouchons de liège et les convertit en une bouillie jaune ; il désorganise la peau avec une extrême facilité, en commençant par la jaunir. C'est enfin un liquide très dangereux, dont il faut éviter avec soin le contact.

2. Propriétés et usages. — Tous les métaux usuels, excepté l'or et le platine, sont attaqués plus ou moins violemment par l'acide azotique, qui les convertit en oxydes ou bien en azotates. Cette propriété le fait employer pour la *gravure* dite à l'*eau-forte*, sur le cuivre et autres métaux. La peau, la soie, la laine, les plumes, jaunissent instantanément au contact de l'acide azotique. Plongé quelques instants dans de l'acide azotique très concentré, puis lavé et séché, le coton, sans changer d'aspect, devient une matière explosive nommée *coton-poudre*. La médecine utilise cet acide pour détruire les verrues, pour cautériser les plaies envenimées.

3. Ammoniaque. — *L'ammoniaque,* composé d'azote et d'hydrogène, est un gaz incolore, d'une odeur excessivement piquante, qui affecte vivement les yeux et amène le larmoiement. Il est extrêmement soluble dans l'eau, qui peut en dissoudre près de mille fois son volume.

La dissolution du gaz ammoniac dans l'eau prend le nom *d'ammoniaque* ou *d'alcali volatil.* C'est un liquide incolore, d'une saveur excessivement caustique, d'une odeur pénétrante pareille à celle du gaz. L'ammoniaque ramène au bleu le tournesol rougi, aussi bien que le font la potasse et la soude; elle remplit les fonctions d'une base énergique, c'est-à-dire se combine avec les acides pour former des sels.

4. Usages. — Dans l'art de la teinture, on l'emploie pour dissoudre diverses matières colorantes, ou même pour en développer de nouvelles. L'économie domestique l'emploie à nettoyer les tissus de leurs taches de corps gras. La médecine l'utilise pour combattre les effets d'une piqûre envenimée, piqûre de guêpe, de scorpion et même de vipère. On met à profit son odeur si pénétrante pour faire revenir à elles les personnes évanouies. Enfin, à l'état de combinaisons salines variées, l'ammoniaque remplit un rôle immense en agriculture : c'est l'aliment le plus actif des végétaux.

5. Cyanogène. — C'est un gaz composé d'azote et de carbone, à odeur vive qui rappelle celle du kirsch ou des amandes amères. Il brûle avec une belle flamme purpurine. Le cyanogène libre est sans application ; mais à l'état de combinaison avec les métaux, il forme divers composés où il remplit l'office d'un corps simple, voisin du chlore et de l'iode par ses propriétés. Ces composés, appelés *cyanures*, sont généralement très vénéneux.

6. Acide cyanhydrique ou acide prussique. — Ce composé de cyanogène et d'hydrogène existe tout formé dans les feuilles, les fleurs, les amandes de divers végétaux. Les feuilles et les fleurs du pêcher, du laurier-cerise et du laurier-rose, les amandes du pêcher, du cerisier, de l'abricotier, en renferment et lui doivent leur odeur et leurs propriétés toxiques. C'est un liquide incolore, très volatil, d'une odeur étourdissante qui ne devient supportable qu'autant qu'elle est affaiblie par une grande masse d'air; elle est alors pareille à celle des amandes amères. La chimie ne connaît pas de substance plus redoutable : c'est un poison foudroyant. Une goutte d'acide prussique déposée sur la langue d'un chien vigoureux tue l'animal à l'instant.

QUESTIONNAIRE

1. D'où retire-t-on l'acide azotique ? — Quels autres noms porte cet acide ?

2. Quel est son aspect? — Quelle est son action sur les métaux? — Dites ses principaux usages.

3. De quoi se compose le gaz ammoniac? — Quels sont ses principaux caractères? — Qu'est-ce que l'ammoniaque ou alcali volatil? — Dites ses propriétés.

4. A quels usages sert l'ammoniaque?

5. Qu'est-ce que le cyanogène? — Qu'appelle-t-on cyanures? — Les composés sont-ils dangereux?

6. De quoi se compose l'acide prussique? — Où trouve t-on cet acide dans la nature? — Que savez-vous sur ses propriétés redoutables?

CHAPITRE VII

SOUFRE. — ACIDE SULFUREUX. — ACIDE SULFURIQUE. — ACIDE SULFHYDRIQUE. — SULFURE DE CARBONE.

1. Soufre. — On trouve le soufre principalement dans les roches des terrains volcaniques. Pour le débarrasser des impuretés terreuses qui l'accompagnent, on le chauffe dans des vases clos; le soufre se dégage en vapeurs qui se condensent dans des récipients froids, et les impuretés restent dans l'appareil distillatoire. Le soufre est solide et d'un jaune citron. Il n'a pas de saveur, il n'a pas davantage d'odeur; il ne devient odorant qu'en se combinant avec un autre corps. Ce qu'on nomme vulgairement odeur de soufre n'est autre que l'odeur de l'acide sulfureux, combinaison de l'oxygène et du soufre par le fait de la combustion. Il

Fig. 10. — Appareil pour la distillation industrielle du soufre brut.

s'électrise par le frottement et conduit mal la chaleur.

2. Usages. — Le soufre entre pour un tiers dans la fabrication de l'acide sulfurique, dont le rôle est des plus grands en industrie; il fait partie de la poudre à tirer. Il sert à la fabrication des allumettes, au soufrage des vignes atteintes d'une infime végétation parasite qui détruit la grappe. On en imprègne le caoutchouc pour le *vulcaniser*, c'est-à-dire lui donner une souplesse permanente.

3. Acide sulfureux. — Le produit de la combustion ordinaire du soufre est l'*acide sulfureux*, gaz très soluble dans l'eau et doué d'une odeur piquante. Si l'on expose au gaz qui se dégage du soufre en combustion des violettes, des roses légèrement humectées d'eau, ces fleurs deviennent rapidement blanches. L'acide sulfureux est donc un décolorant. On met à profit cette propriété pour blanchir la laine, la soie, la paille, les plumes, les éponges, la peau pour gants; pour nettoyer le linge de ses taches de fruits, cerises, groseilles, raisins. L'acide sulfureux est employé à l'assainissement des locaux envahis par des émanations putrides, comme les lazarets, les salles des hôpitaux; il sert pour les fumigations auxquelles on soumet les hardes, matelas et couvertures ayant servi à des malades atteints de la peste, du choléra, de la gale. La médecine fait emploi de ce gaz pour combattre la gale, maladie due au parasitisme d'un animalcule, le sarcopte, qui s'établit sous l'épiderme du corps de l'homme. Enfin ce gaz sert à prévenir l'altération acide du vin et de la bière ; on imprègne d'acide sulfureux les tonneaux où ces liquides doivent être conservés, en y brûlant une mèche soufrée.

'. Acide sulfurique. — On obtient l'*acide sulfurique* en faisant arriver dans de vastes chambres dont les parois sont en lames de plomb de l'acide sulfureux, fourni par la combustion du soufre, de la vapeur d'eau et des vapeurs d'acide azotique données par de l'azotate de soude. En se décomposant, l'acide azotique fournit à l'acide sulfureux une nouvelle proportion d'oxygène et le transforme en acide sulfurique.

Celui-ci est un liquide incolore, lourd,

d'aspect huileux, justifiant le nom d'*huile de vitriol* qu'on lui donne vulgairement. Sa saveur est extrêmement acide. Il désorganise avec une terrible rapidité; aussi est-ce un poison des plus redoutables. Le caractère dominant de l'acide sulfurique est son affinité pour l'eau. Le mélange des deux liquides s'échauffe jusqu'à devenir brûlant. Une baguette de bois blanc, une allumette, noircissent rapidement quand on les plonge dans de l'acide sulfurique, attendu que le bois lui abandonne non seulement l'eau dont il est imprégné, mais encore celle qui existe en combinaison dans la matière ligneuse. C'est une véritable carbonisation. Par ses nombreux emplois, l'acide sulfurique est un des plus puissants auxiliaires de l'industrie.

5. Acide sulfhydrique. — Ce composé, nommé aussi *hydrogène sulfuré*, résulte de la combinaison du soufre avec l'hydrogène. C'est un gaz incolore, d'une odeur infecte, rappelant celle des œufs pourris. Il brûle avec une flamme pâle. L'eau en dissout trois fois son volume.

L'acide sulfhydrique est très délétère, lors même qu'il est mélangé à une grande quantité d'air. Il se dégage abondamment des fosses d'aisance. Les ouvriers occupés au travail de vidanges, s'ils sont enveloppés par le terrible gaz, rapidement succombent. On se prémunit contre ces lamentables accidents au moyen du chlore. Dans le langage populaire, l'atmosphère des fosses d'aisance, rendue mortelle par la présence de l'acide sulfhydrique, porte le nom de *plomb*.

L'acide sulfhydrique noircit divers métaux ainsi que leurs dissolutions salines. Tel est le motif qui fait brunir l'argenterie au contact des œufs non frais et aux émanations des fosses d'aisance.

6. Eaux sulfureuses. — Certaines eaux minérales naturelles répandent une odeur plus ou moins forte d'œufs pourris, odeur qu'elles doivent à l'acide sulfhydrique en dissolution. On les nomme *eaux sulfureuses*. Telles sont les eaux d'Enghien, de Bagnères-de-Luchon et d'Aix-en-Savoie. La médecine les utilise fréquemment.

7. Sulfure de carbone. — C'est un liquide incolore, plus lourd que l'eau, très mobile, d'une odeur fétide analogue à celle des choux pourris. Il se vaporise rapidement et produit un abaissement considérable de température. Il est très combustible, aussi faut-il de minutieuses précautions dans le maniement de ce liquide. Le sulfure de carbone dissout aisément les diverses matières grasses, le caoutchouc, le phosphore, le soufre. On l'emploie à l'extraction des huiles, des essences. L'agriculture en fait usage pour détruire le ravageur de la vigne, le phylloxera.

QUESTIONNAIRE

1. D'où retire-t-on le soufre? — Quelles sont les propriétés du soufre? — D'où provient l'odeur dite odeur de soufre?

2. Quels sont les principaux usages du soufre?

3. Dans quelles conditions se forme l'acide sulfureux? — Comment se constate le pouvoir décolorant de l'acide sulfureux? — Dites les principaux emplois de ce composé.

4. Comment s'obtient l'acide sulfurique? — Par quoi est fourni l'oxygène qui transforme l'acide sulfureux en acide sulfurique? — Quel est le nom vulgaire de l'acide sulfurique? — Dites quelques propriétés de ce corps. — Quel est son caractère dominant? — Son emploi est-il considérable?

5. Qu'est-ce que l'acide sulfhydrique? — Dites ses propriétés. — Que savez-vous sur le gaz des fosses d'aisance? — Quelle est l'action de l'acide sulfhydrique sur la plupart des métaux? — Dans quelles conditions noircit l'argenterie?

6. Qu'appelle-t-on eaux sulfureuses? — Citez les plus connues.

7. Qu'est-ce que le sulfure de carbone? — Quels soins réclame son maniement? — Quels sont ses usages?

CHAPITRE VIII

PHOSPHORE. — ALLUMETTES.

1. Origine du phosphore. — Beaucoup de substances d'origine animale ou végétale, les os, le lait, la farine, renferment du phosphore combiné avec de l'oxygène sous forme d'acide phosphorique, qui lui-même est associé à un oxyde, soude, chaux. Les os, en particulier, sont formés d'une matière animale, la gélatine, destructible par le feu, et d'une matière minérale, mélange de carbonate de chaux et de phosphate de chaux. Si l'on calcine un os à l'air libre, la matière animale brûle et la matière minérale reste. L'os est alors blanc et friable. De la poudre d'os ainsi obtenue se retire le phosphore.

2. Propriétés du phosphore. — Le phosphore est solide, translucide, incolore, presque aussi mou que la cire. Il est sans saveur, mais doué d'une odeur d'ail. Exposé à l'air, il éprouve une combustion lente et répand des fumées blanches, lumineuses dans l'obscurité. On le conserve dans de l'eau pour éviter son inflammation, qui est des plus faciles. Il est extrêmement vénéneux, et les brûlures qu'il produit sont des plus redoutables.

3. Phosphore rouge. — L'action prolongée de la chaleur dans des vases clos donne au phosphore des propriétés bien différentes. La matière est alors d'un rouge cramoisi, difficilement inflammable, non lumineuse dans l'obscurité, non vénéneuse et sans odeur. Cette variété de phosphore se nomme *phosphore rouge*.

4. Allumettes chimiques. — Les alulmettes ordinaires sont de petites ba-

guettes de bois blanc, trempées d'abord
par une de leurs extrémités dans du
soufre fondu. A cette première couche,
destinée à nourrir la flamme, est super-
posée la couche inflammable par frottement et composée essentiellement de
phosphore. Les autres substances de
cette couche sont du sable très fin pour
favoriser la friction, de la colle pour
donner de la ténacité à la matière, enfin
une poussière colorante très variable.

5. Allumettes au phosphore rouge.
— Les allumettes ordinaires ont le double inconvénient de s'enflammer avec une
dangereuse facilité, quelquefois même
spontanément, et de mettre sous la main
de chacun une matière extrêmement vénéneuse, le phosphore. Les allumettes
au phosphore rouge n'ont pas ces inconvénients. Leur extrémité soufrée reçoit
une pâte composée de chlorate de potasse, de sulfure d'antimoine et de colle
forte. D'autre part, le frottoir de la boîte

est recouvert d'un enduit dont fait partie le phosphore rouge. Le mélange inflammable se trouve ainsi distribué sur deux point différents, sur l'allumette et sur le frottoir. Il faut le concours des deux pour que l'inflammation se produise. Vient-on à frotter l'allumette autre part que sur le frottoir, elle ne prend pas feu, parce que le phosphore manque. Mais si l'allumette est passée vivement sur le frottoir, il s'en détache une parcelle de phosphore rouge, qui, maintenant associé au chlorate, constitue avec ce sel un mélange inflammable par friction. On évite ainsi les risques d'incendie, puisque l'allumette exige, pour prendre feu, le concours du frottoir ; et l'on n'a plus à manier une matière vénéneuse, car le phosphore rouge n'a rien des propriétés délétères du phosphore ordinaire.

6. Phosphure d'hydrogène. — La combinaison du phosphore avec l'hydrogène produit un composé gazeux   forte odeur d'ail, qui possède la remarquable propriété de s'enflammer de lui-même dès qu'il apparait à l'air. On croit que ce gaz se forme parfois dans la décomposition des matières animales enfouies dans le sol, et qu'en s'exhalant dans l'atmosphère il s'enflamme et produit ce qu'on nomme les *feux follets*.

QUESTIONNAIRE

1. Où trouve-t-on du phosphore ? — De quoi sont composés les os ? — D'où retire-t-on le phosphore dans l'industrie ?

2. Dites les propriétés du phosphore. — Ce corps est-il dangereux ?

3. Comment s'obtient le phosphore rouge ? — En quoi diffère-t-il du phosphore ordinaire ?

4. En quoi consistent les allumettes chimiques ordinaires ?

5. Quels sont les inconvénients des allumettes ordinaires ? — Que savez-vous sur les allumettes au phosphore rouge ? — Ont-elles les inconvénients des premières ?

6. Qu'est-ce que le phosphure d'hydrogène ? — D'où proviennent les feux follets ?

CHAPITRE IX

CHLORE. — IODE. — FLUOR.

1. Chlore. — Le chlore est un gaz d'un jaune verdâtre. Il a une odeur qui n'appartient qu'à lui, odeur forte qui vous prend à la gorge, cause un sentiment de strangulation et détermine aussitôt une toux violente, difficile à calmer. Aucune matière colorante d'origine organique ne résiste à son action ; toutes sont profondément modifiées, détruites. Les exhalaisons putrides, repoussantes par leur infection et surtout malsaines que dégagent les matières animales ou végétales en décomposition, sont détruites avec la même facilité par le chlore. Ce gaz décolore donc, assainit et désinfecte. L'industrie l'emploie au blanchiment des tissus de chanvre, de coton, de lin et de la pâte de chiffons servant à faire le papier. L'hygiène l'utilise pour assainir les salles des hôpitaux, les égouts, les fosses d'aisance. On ne se sert pas directement du chlore, il est vrai, mais de l'un de ses composés, vulgairement *chlorure de chaux*, qui dégage son chlore avec une grande facilité.

2. Acide chlorhydrique. — Ce composé se retire du sel marin, chlorure de sodium, au moyen de l'acide sulfurique. C'est un gaz incolore, à saveur aigre, à odeur très piquante, répandant à l'air d'épaisses fumées blanches. Il est très soluble dans l'eau. En dissolution dans ce liquide, il constitue l'acide chlorhydrique de l'industrie, le vulgaire *esprit-de-sel*, ainsi nommé à cause de son origine, le sel marin. Ce produit se reconnaît à sa coloration jaunâtre, son odeur très piquante, ses fumées blanches. Son principal usage est la préparation du chlore.

L'acide chlorhydrique attaque violemment certains métaux, notamment le zinc, avec dégagement d'hydrogène. Il n'attaque ni l'or ni le platine, sur lesquels l'acide azotique, bien plus puissant, est lui-même sans effet. Mais un mélange d'acide chlorhydrique et d'acide azotique, mélange connu sous le nom d'*eau régale*, dissout tous les métaux, même les plus résistants, comme le platine et l'or.

3. Iode. — L'iode est en paillettes noires douées d'un éclat métallique. Son odeur rappelle celle du chlore ; ses vapeurs sont d'un magnifique violet. Il tache la peau et le papier en brun orangé. L'eau le dissout en petite quantité ; l'alcool le dissout abondamment. L'iode se retire des cendres des plantes marines. Il est fréquemment utilisé en médecine.

5.

4. Fluor. — C'est un gaz incolore, odorant, à propriétés tellement énergiques, qu'il attaque tous les corps avec lesquels il se trouve en contact. Ni le verre ni les métaux, pas même le platine, ne résistent à son action. Il fait partie d'une roche assez abondamment répandue et nommée *spath-fluor*. Cette roche est du *fluorure de calcium*.

5. Acide fluorhydrique. — En traitant le spath-fluor par l'acide sulfurique, on obtient l'*acide fluorhydrique*, liquide très acide, répandant à l'air humide des fumées blanches. Son affinité pour l'eau est si grande que, lorsqu'on en verse dans ce liquide, chaque goutte produit le bruissement d'un fer rouge. Cet acide attaque la plupart des corps, et particulièrement le verre. La moindre goutte produit sur la peau une ampoule très douloureuse, difficile à guérir.

On met à profit la propriété corrosive de l'acide fluorhydrique pour graver et dessiner sur verre. On couvre le verre d'un vernis de cire jaune, et avec une pointe on trace sur ce vernis, de manière à mettre le verre à découvert, le dessin que l'on veut graver. Sur l'objet ainsi préparé on verse de l'acide fluorhydrique étendu d'eau. Le verre est rongé par l'acide partout où la cire ne le protège pas, et le dessin se trouve gravé en sillons transparents. On peut également graver par les vapeurs de l'acide fluorhydrique ; le dessin est alors en traits opaques.

QUESTIONNAIRE

1. A quels caractères se reconnaît le chlore ? — Quelles propriétés le font employer par l'industrie et l'hygiène ? — Quel composé emploie-t-on pour obtenir des émanations de chlore ?

2. D'où se retire l'acide chlorhydrique ? — Quel est son nom vulgaire ? — Dites ses propriétés. — Quelle est son action sur le zinc ? — Qu'est-ce que l'eau régale ?

3. D'où retire-t-on l'iode ? — Quels sont ses caractères ?

4. Où se trouve le fluor ? — Que savez-vous sur ce corps simple ?

5. Dites les propriétés de l'acide fluorhydrique. — Comment l'obtient-on ? — Comment se pratique la gravure sur verre ?

MÉTAUX

CHAPITRE X

POTASSIUM

1. Potassium. — Ce métal est mou presque autant que la cire et possède l'éclat de l'argent. Il est plus léger que l'eau. En contact avec l'air, il se couvre rapidement d'une couche de potasse, oxyde de potassium. Mis en rapport avec l'eau, il la décompose à l'instant; il se combine avec l'oxygène et met en liberté l'hydrogène, qui prend feu et brûle avec une flamme purpurine. La facilité avec laquelle le potassium s'oxyde exige qu'on tienne ce métal dans des flacons au sein d'un liquide appelé *huile de naphte,* ne contenant pas d'oxygène dans sa composition.

2. Potasse. — Le potassium est sans emploi dans l'industrie; mais ses composés, au nombre desquels figure d'abord la *potasse,* sont d'une grande importance. L'oxyde de potassium se nomme potasse, vulgairement *potasse caustique.* C'est une matière solide, blanche, onctueuse au toucher, d'une saveur très caustique, qui produit sur la langue l'impression d'une vive brûlure. Elle est très soluble dans l'eau, à laquelle elle communique l'odeur de lessive. Aucune matière organisée ne lui résiste; la peau, la laine, la soie, par exemple, sont rapidement attaquées. Aussi la médecine l'emploie-t-elle pour cautériser, c'est-à-dire pour désorganiser les chairs en des points déterminés. A cause de cet usage, la potasse caustique est désignée par le nom médical de *pierre à cautère.*

3. Carbonate de potasse. — Les cendres des végétaux terrestres renferment du carbonate de potasse, matière blanche, à petits grains, d'une saveur âcre, très soluble dans l'eau. C'est le carbonate de potasse qui donne à la lessive de cendres la propriété de nettoyer le linge et de faire disparaître notamment les souillures de corps gras. Dans le commerce, on lui donne improprement le nom de *potasse*. On l'emploie pour la verrerie fine, la cristallerie, la fabrication des savons.

4. Chlorate de potasse. — Ce sel, source aussi commode qu'abondante d'oxygène, a la forme de lamelles cristallines incolores. Projeté sur un charbon allumé, il en active la combustion en dégageant de l'oxygène. On en fait usage dans la fabrication des allumettes.

5. Azotate de potasse. — Ce sel, connu aussi sous les noms de *nitre, salpêtre, nitrate de potasse, sel de nitre,* est très répandu dans la nature. Dans certaines régions, aux Indes, en Égypte, au Pérou, il couvre le sol d'efflorescences blanches rappelant une couche de neige. On trouve le même sel dans les plâtras provenant des caves, des écuries. Les délicates houppes blanches qui se rencontrent sur les murs humides, sous forme d'une moisissure neigeuse, sont formées d'*azotate de chaux*, qu'il est facile de transformer en azotate de potasse.

Ce sel est en gros cristaux incolores, d'une saveur d'abord fraiche, ensuite piquante et amère. Jeté sur des charbons ardents, il se décompose et fournit de l'oxygène, qui active la combustion et produit une vive déflagration.

6. Poudre. — Le principal emploi de l'azotate de potasse est dans la fabrication de la *poudre* des armes à feu. La poudre est, en effet, un mélange intime d'azotate de potasse, de soufre et de charbon. Au moyen de l'oxygène fourni par l'azotate de potasse, le charbon et le soufre brûlent soudainement, et le tout produit une masse gazeuse dont le volume représente environ quinze cents fois celui de la poudre. Ces gaz, instantanément formés dans une enceinte trop étroite pour eux, agissent donc sur le projectile avec une force expansive énorme, et telle est la cause des effets balistiques de la poudre.

QUESTIONNAIRE.

1. Dites les caractères du potassium. — Quelle est son action sur l'eau? — Comment le préserve-t-on de l'oxydation?

2. Comment est la potasse? — Pourquoi lui donne-t-on le nom de potasse caustique? — Quelle est son action sur les matières organiques? — Qu'est-ce que la pierre à cautère des médecins?

3. Où trouve-t-on le carbonate de potasse? — Quel est le principe actif de la lessive de cendres? — Quels sont les usages du carbonate de potasse?

4. Que savez-vous sur le chlorate de potasse?

5. Quels noms divers porte l'azotate de potasse? — Où trouve-t-on ce sel? — Que sont les efflorescences blanches des murs humides? —

Dites les caractères de l'azotate de potasse. — Quel effet produit ce sel sur des charbons allumés?

6. De quoi se compose la poudre des armes à feu? — D'où provient le pouvoir de la poudre?

CHAPITRE XI

1. Sodium. — Soude. — Les propriétés du sodium sont à peu près les mêmes que celles du potassium. On le conserve également dans de l'huile de naphte pour le préserver de l'oxydation. — Son oxyde ou *soude* est une matière blanche, onctueuse au toucher, excessivement caustique, ayant avec la potasse la plus étroite ressemblance.

2. Chlorure de sodium ou sel marin. — Le sel vulgaire, sel de cuisine ou sel marin, est une combinaison de chlore et de sodium. Sa saveur franchement salée, sans aucun arrière-goût métallique, le fait employer comme assaisonnement de la nourriture de l'homme depuis les temps les plus reculés. Il se trouve en abondance dans les eaux de la mer. Les eaux de la Méditerranée en contiennent environ 27 kilogrammes par mètre cube, et celles de l'Océan 25.

L'extraction du sel marin se fait dans les *marais salants*, bassins de peu de profondeur, mais d'une grande superficie, pratiqués au bord de la mer. Pendant les chaleurs de l'été, on y fait arriver l'eau de la mer, qu'on abandonne ensuite à l'évaporation spontanée. Le sel se dépose en cristaux quand le liquide a atteint un degré suffisant de concentration.

3. Sel gemme. — On nomme *sel gemme* le chlorure de sodium qui se trouve en assises plus ou moins puissantes dans le sein de la terre. Il est habituellement coloré en rougeâtre, en bleu, en vert, en violet, par des impuretés qui l'accompagnent. Débarrassé de ces impuretés, il ne diffère pas du sel extrait de la mer. La France possède quelques

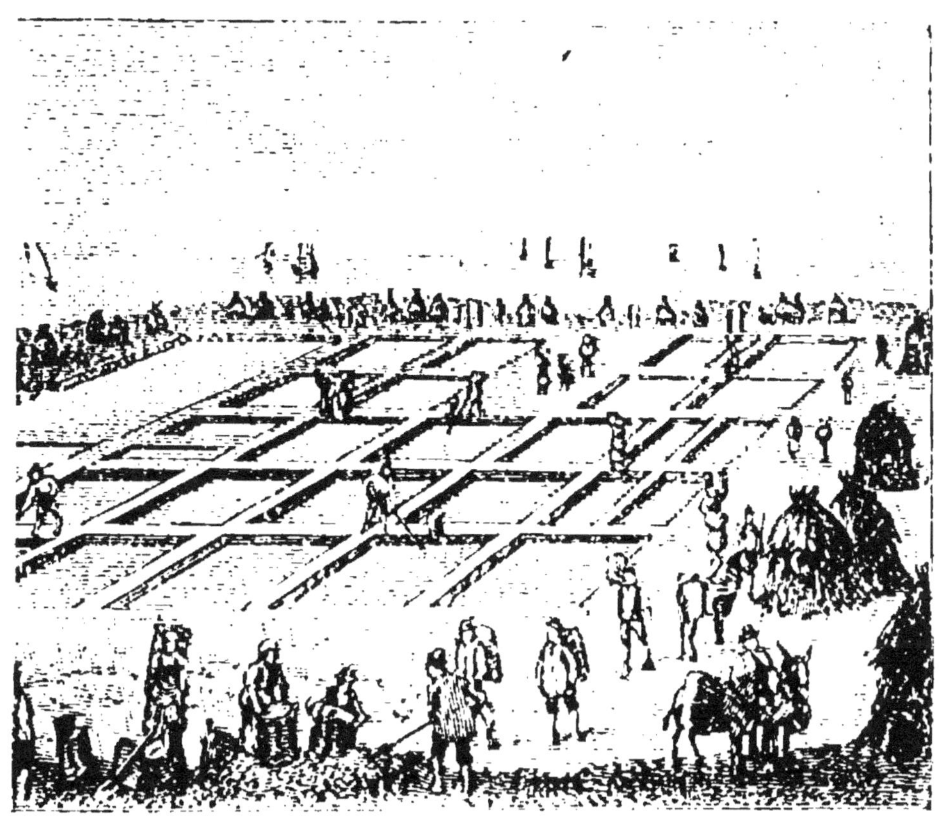

Fig. 11. — Marais salants.

gisements de sel gemme dans la région du Nord-Est.

4. Carbonate de soude. — On retirait autrefois le carbonate de soude des cendres des végétaux marins ; on l'obtient aujourd'hui en traitant d'abord le sel marin par l'acide sulfurique, ce qui donne du sulfate de soude, puis en calcinant ce sulfate avec du carbonate de chaux et du charbon en poudre.

Le carbonate de soude pur est sous la forme de gros cristaux incolores et transparents. Sa saveur est âcre et légèrement caustique. Exposé à l'air, il s'effleurit, c'est-à-dire tombe en poussière. Le carbonate de soude impur, vulgairement *soude brute*, est employé à la fabrication des verreries grossières, des bouteilles en particulier, ainsi qu'à la fabrication du savon. Les *cristaux de soude* (carbonate de soude pur) ont de nombreuses applications dans la teinture.

5. Azotate de soude. — Sous le nom de *salpêtre de Chili*, on trouve dans le commerce de l'azotate de soude naturel, dont le gisement le plus considérable est au Pérou. Ce sel est incolore, d'une saveur fraîche et piquante. On l'emploie principalement pour la fabrication de l'acide azotique.

6. Sel ammoniac. — Nous avons vu que l'ammoniaque, comparable à la potasse et à la soude pour les propriétés chimiques, fait office d'un oxyde et se combine avec les divers acides pour donner des sels.

Le carbonate d'ammoniaque est une matière blanche, pulvérulente, qui répand une forte odeur ammoniacale. On l'obtient par la distillation des matières animales, des urines provenant des vidanges, des eaux de condensation des usines à gaz. Traité par l'acide chlorhydrique, ce carbonate donne le *sel ammoniac* ou *chlorhydrate d'ammoniaque*, matière blanche, translucide, à cassure fibreuse, difficile à réduire en poudre. Sa saveur est piquante, son odeur nulle. La présence du sel ammoniac est indispensable dans l'étamage pour faire disparaître les oxydes qui peuvent se former pendant l'opération et qui empêcheraient l'étain d'adhérer au cuivre.

7. Sels ammoniacaux. — Si les vapeurs ammoniacales provenant des urines des vidanges ou des eaux de condensation des usines à gaz sont reçues dans de l'eau acidulée avec de l'acide sulfurique, le produit obtenu est du *sulfate d'ammoniaque*, substance fertilisante d'un grand emploi en agriculture.

Tous les sels ammoniacaux broyés avec de la chaux vive laissent dégager du gaz ammoniac, si facilement reconnaissable à son odeur.

QUESTIONNAIRE

1. Comment est le sodium ? — Qu'est-ce que la soude ?

2. Quelle est la composition du sel de cuisine ? — En quelle proportion se trouve-t-il dans les eaux de la mer ? — Comment le retire-t-on de la mer ?

3. Qu'est-ce que le sel gemme ?

4. D'où retirait-on autrefois le carbonate de soude ? — Comment l'obtient-on maintenant ? — Quels sont les usages de la soude brute ? — Qu'appelle-t-on cristaux de soude ?

5. Qu'est-ce que le salpêtre du Chili ? — Quel est son principal usage ?

6. Dites les caractères du carbonate d'ammoniaque. — D'où le retire-t-on ? — Comment s'obtient le sel ammoniac ? — A quoi sert-il ?

7. Comment s'obtient le sulfate d'ammoniaque ? — Quel est son principal emploi ? — A quel caractère se reconnaissent les sels ammoniacaux ?

CHAPITRE XII

CALCIUM. — CHAUX. — PLATRE

1. Chaux. — Le *calcium*, métal voisin du potassium, est sans emploi à l'état isolé. Son oxyde est la *chaux*, dont les usages sont si nombreux et si importants. On l'obtient en calcinant au rouge, dans des fours dits *fours à chaux*, le carbonate de chaux naturel ou *pierre calcaire*. A cette température, le carbonate se décompose : la chaux reste, et l'acide carbonique se dégage dans l'atmosphère.

La chaux est une matière blanche, d'une saveur brûlante, désorganisant avec rapidité les substances animales ou végétales. Exposée à l'air, elle en attire l'humidité, augmente de volume et tombe en poussière ; puis elle se combine avec l'acide carbonique de l'atmosphère et redevient carbonate. Si l'on verse un peu d'eau sur la chaux, la matière s'échauffe jusque vers trois cents degrés, se fendille avec des sifflements dus au dégagement des vapeurs, et finalement se réduit en poudre. La chaux prend alors le nom de *chaux éteinte ;* elle est combinée avec de l'eau. La chaux éteinte additionnée d'assez d'eau pour faire une bouillie claire prend le nom de *lait de chaux* et sert à *badigeonner les murs.* Un litre d'eau ne peut pas dissoudre plus d'un gramme de chaux. La dissolution, nommée *eau de chaux,* est un liquide limpide, caustique, qui se trouble à l'air en absorbant l'acide carbonique de l'atmosphère et en produisant un carbonate insoluble.

2. Classification des chaux. — On appelle *chaux grasse* celle qui, mise en contact avec l'eau, s'échauffe beaucoup, augmente considérablement de volume et donne une pâte forte et liante. La

Fig. 12. — Four à chaux.

chaux maigre est celle qui s'échauffe peu, tombe lentement en poussière, augmente à peine de volume et forme une pâte sèche et courte. La *chaux hydraulique* a la remarquable propriété de durcir sous l'eau. Le calcaire qui la fournit contient de l'argile. — Le *ciment* est une variété de chaux hydraulique qui acquiert une grande dureté après un contact de quelques heures avec l'eau. On le gâche par petites portions à mesure qu'il doit être employé.

3. Mortiers. — Le *mortier ordinaire* est un mélange de sable et de chaux éteinte. Il durcit à l'air et fait solidement adhérer les pierres qu'il empâte ; mais il résiste mal à l'action de l'eau. Le *mortier hydraulique* est un mélange de chaux hydraulique et de sable. Sa propriété de durcir au contact de l'eau le fait employer pour les maçonneries des ponts, des canaux, des citernes, des fondations, des caves. Le *béton* est un mélange de chaux hydraulique et de pierres concassées. Les mortiers aériens durcissent parce que la chaux se combine avec l'acide carbonique de l'air et redevient carbonate.

4. Carbonate de chaux. — Le carbonate de chaux forme une grande partie de l'écorce terrestre. Il constitue les *calcaires*, dont quelques variétés nous donnent la chaux par la calcination, et quelques autres la pierre à bâtir. Parmi les variétés de roches calcaires citons les *marbres*, l'*albâtre*, les *tufs*, les *marnes*, la *pierre lithographique*.

5. Sulfate de chaux, gypse, plâtre. — Le gypse ou *pierre à plâtre* est du sulfate de chaux. On le trouve dans la nature en amas considérables, sous forme de roches compactes, de masses fibreuses, de lames transparentes. Outre le sulfate de chaux, le gypse contient de l'eau associée chimiquement et dont la proportion est de 21 pour 100 du poids total. Par l'action de la chaleur, cette eau se dégage et le gypse devient la matière appelée plâtre. L'opération se fait dans des fourneaux de moindre température que les fours à chaux.

Après la cuisson, le plâtre est mis en poudre sous des meules. Au moment de l'employer, on gâche cette poudre, par petites portions, avec de l'eau. Le sulfate de chaux reprend l'eau que la cuisson lui a fait perdre, et le tout redevient matière compacte, aussi dure que le gypse primitif.

6. Phosphate de chaux. — Associé au carbonate de chaux, le phosphate de chaux constitue la matière minérale des os. En diverses contrées, il forme en outre des gisements considérables. C'est un puissant engrais pour l'agriculture, car tous nos végétaux cultivés renferment de l'acide phosphorique, sous diverses combinaisons salines ; 1,000 kilogrammes de blé, par exemple, contiennent 11 kilogrammes de cet acide.

7. Chlorure de chaux. — Le produit tainsi nommé dans l'industrie s'obtien en faisant circuler du chlore sur de la chaux éteinte. C'est une matière blanche, pulvérulente, répandant une odeur de chlore. On l'emploie pour les usages dont nous avons déjà parlé au sujet du chlore.

QUESTIONNAIRE

1. Qu'est-ce que la chaux? — Comment l'obtient-on? — Quels sont ses caractères? — Qu'appelle-t-on chaux éteinte, lait de chaux, eau de chaux?

2. Dites les caractères de la chaux grasse, de la chaux maigre, de la chaux hydraulique. — Qu'est-ce que le ciment?

3. De quoi se compose le mortier? — Comment durcissent les mortiers aériens? — Quelle est la propriété du mortier hydraulique? — Qu'est-ce que le béton?

4. Que nomme-t-on calcaire? — Dites les principales variétés du calcaire.

5. Qu'appelle-t-on gypse? — Comment s'obtient le plâtre? — Comment l'emploie-t-on? — Pourquoi le plâtre gâché durcit-il?

6. Où trouve-t-on du phosphate de chaux? — Pourquoi l'agriculture en fait-elle usage?

7. Qu'est-ce que le chlorure de chaux? — Quels sont ses usages?

CHAPITRE XIII

ALUMINIUM. — NICKEL. — ÉTAIN

1. Aluminium. — C'est un métal d'un très beau blanc, comparable à celui de l'argent, très malléable, très sonore, inaltérable par la plupart des substances qui attaquent les autres métaux. C'est le plus léger de tous les métaux usuels; son poids est à peu près celui du verre. On l'emploie dans la bijouterie, la marqueterie, la coutellerie. La facilité avec laquelle il se laisse mouler et ciseler le rendent précieux pour une multitude d'objets d'ornementation. Allié avec du cuivre, il donne un bronze d'un beau jaune d'or aussi tenace que le fer.

2. Alumine. — L'oxyde d'aluminium est l'*alumine,* matière blanche, très résistante à la fusion, et faisant partie des argiles, auxquelles elle communique son infusibilité. Diverses pierres précieuses : le *rubis,* à teinte de feu ; le *saphir,* de coloration bleue ; l'*émeraude,* teintée de vert ; la *topaze,* jaune ; l'*améthyste,* violette, sont formées d'alumine et de quelques traces d'oxydes métalliques. Combinée avec des matières colorantes, l'alumine constitue les *laques,* employées en peinture. Elle constitue le *mordant* dont on imprègne les tissus dans le but d'y fixer la teinture.

3. Alun. — L'alun est un sulfate double, c'est-à-dire un sel dans la constitution duquel entrent deux sulfates différents. L'un d'eux est toujours le sulfate d'alumine ; l'autre est tantôt le sulfate de potasse, tantôt le sulfate d'ammoniaque. C'est un sel incolore, d'une saveur astringente et amère. La teinture l'utilise à raison des laques que l'alumine forme avec les matières colorantes. Le tannage des cuirs, l'encollage du papier à écrire, la clarification des suifs, le mettent en œuvre.

4. Nickel. — De tous les métaux usuels, le nickel est le plus dur. Il est d'un blanc d'argent, inaltérable à l'air. Sa ténacité, sa résistance à la fusion, sont comparables à celles du fer. Son principal minerai, roche d'un magnifique vert, nous vient surtout de la Nouvelle-Calédonie. Par la galvanoplastie, on dépose le nickel sur les objets métalliques pour les préserver de l'oxydation. Il est possible que ce beau métal soit un jour substitué au cuivre dans la fabrication des monnaies de bronze.

5. Étain. — L'étain est d'un blanc argenté à reflet jaunâtre. Frotté entre les mains, il dégage une odeur désagréable. Il n'est pas sonore, à cause de sa grande flexibilité. Lorsqu'on le ploie, il fait entendre un petit bruit de déchirement appelé *cri de l'étain*. Il est très malléable ; on peut le réduire par le battage en feuilles très minces. Il fond à une température insuffisante pour amener la destruction du papier. Aussi une mince feuille d'étain peut être fondue sur une feuille de papier placée sur un poêle modérément chaud.

Ce métal est peu altérable à l'air et sous l'influence des diverses préparations alimentaires ; d'ailleurs ses composés sont inoffensifs en petite quantité. Aussi l'étain est-il employé pour la fabrication des mesures de capacité des liquides, des vases et ustensiles de ménage. Réduit en minces feuilles, il sert à envelopper et à préserver de l'air et de l'humidité diverses substances alimentaires, saucisson, chocolat, thé, etc. Allié au cuivre, il constitue le bronze ; allié au plomb, il forme la soudure des plombiers ; amalgamé avec le mercure, il donne le *tain* des glaces ou lame métallique réfléchissante appliquée sur le verre. Enfin l'étain sert pour étamer les métaux, notamment le cuivre et le fer.

6. Étamage. — On se propose, par l'étamage, de recouvrir un métal oxydable et parfois vénéneux d'une mince couche d'étain, métal inoxydable dans les habituelles conditions et inoffensif. L'étamage le plus employé est celui du cuivre. A cet effet, l'étain fondu est promené avec un tampon d'étoupe sur la surface chaude et bien nette du cuivre. Il se forme ainsi un mince dépôt d'étain, qui préserve le cuivre du contact de l'air et des matières alimentaires, et prévient la formation des composés vénéneux.

Ce qu'on nomme *fer-blanc* est du fer étamé. Pour l'obtenir, des feuilles de fer bien nettoyées sont plongées quelques instants dans un bain d'étain fondu.

QUESTIONNAIRE

1. Quels sont les caractères de l'aluminium?

— Dites ses usages. — Qu'est-ce que le bronze d'aluminium ?

2. Qu'est-ce que l'alumine ? — De quoi sont composées certaines pierres précieuses ? — Qu'appelle-t-on laque ?

3. Que savez-vous sur l'alun ? — Dites ses usages.

4. Quels sont les caractères du nickel ? — Où se trouve le minerai de ce métal ?

5. Quelles sont les propriétés de l'étain ? — Comment se démontre la facile fusibilité de ce métal ? — Quels sont les emplois de l'étain ?

6. En quoi consiste l'étamage ? — Pourquoi étame-t-on le cuivre ? — Comment s'obtient le fer-blanc ?

CHAPITRE XIV

FER

1. Métallurgie du fer. — Aucun métal n'est aussi commun que le fer ; presque toutes les roches en contiennent au moins des traces. Ses principaux minerais sont des oxydes auxquels s'adjoignent divers corps étrangers, notamment de l'alumine et de la silice. Ces corps étrangers se nomment *gangue*.

Le traitement des minerais de fer se fait dans des appareils spéciaux, nommés *hauts fourneaux*, dont la hauteur varie de dix à vingt mètres. Par l'orifice supérieur, appelé du nom expressif de *gueulard*, on jette le combustible et le minerai mélangés avec le *fondant,* c'est-à-dire la matière qui doit amener la fusion de la gangue et la séparer du fer. Ce fondant est ordinairement du carbonate de chaux. Le tout est introduit peu à peu, de manière que le fourneau reste toujours en activité. De l'air injecté par de fortes machines soufflantes arrive à la partie inférieure par une tuyère et entretient la combustion. Par l'effet de la température produite et sous l'influence du charbon, l'oxyde de fer perd son oxygène, et le fer devient libre, tandis que la gangue se combine avec le fondant et forme une matière vitreuse fluide nommée *laitier,* qui surnage au-dessus de l'amas de fer fondu, reçu dans la partie inférieure ou *creuset* du fourneau. Au bas de ce creuset est une ouverture qui, pendant l'opération, est fermée avec un tampon d'argile. Lorsque le creuset est plein, on retire ce tampon, et le produit de la fusion, ou la *fonte,* s'écoule au de-

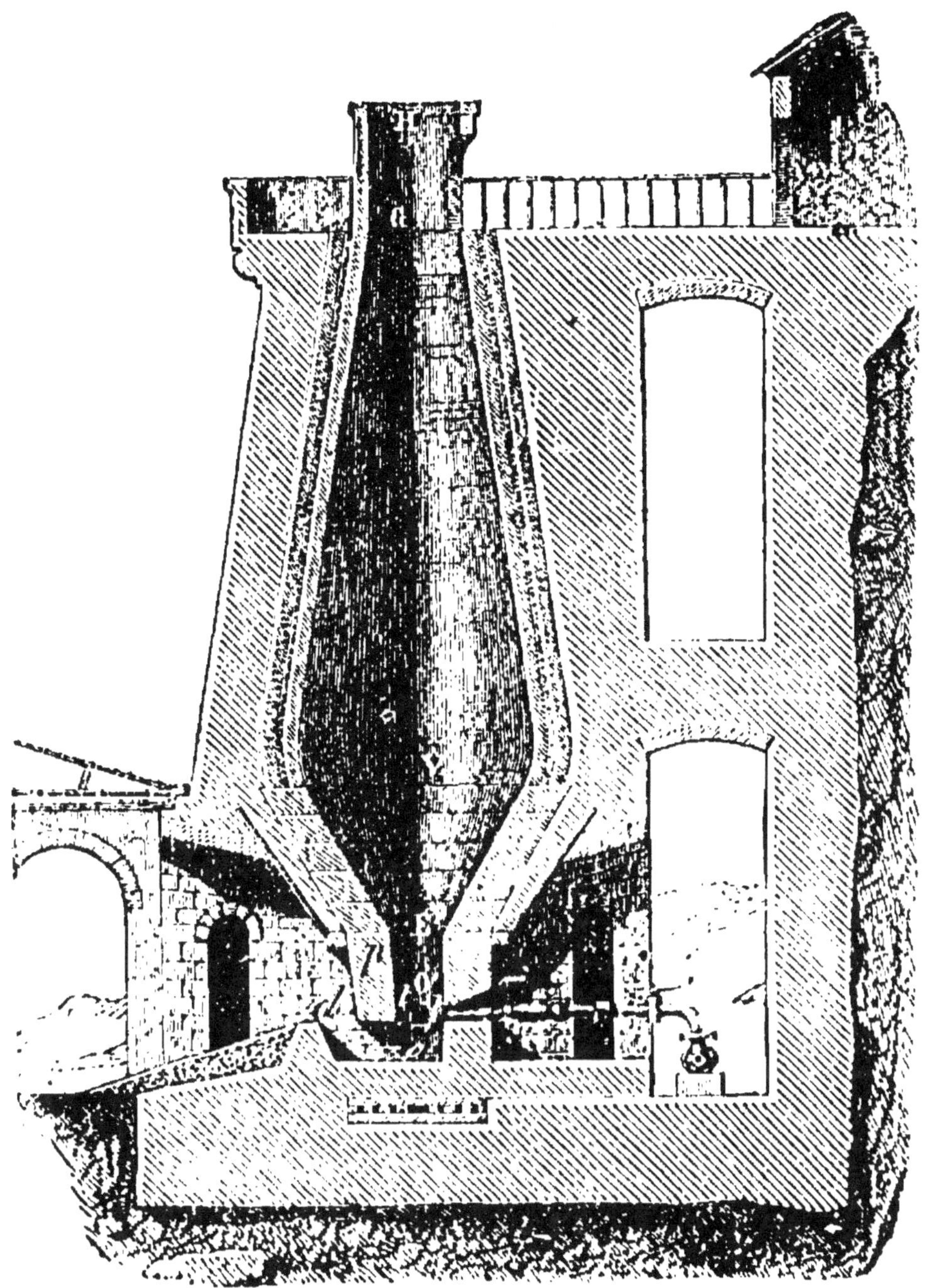

Fig. 13. — Haut fourneau.

hors dans des rigoles creusées dans du sable.

2. Fonte. — Le produit des hauts fourneaux n'est pas du fer pur, mais bien de la *fonte*, c'est-à-dire du fer combiné avec une faible proportion de carbone et de silicium. La fonte est plus fusible que le fer, plus dure, plus cassante. C'est avec la fonte que l'on fabrique les tuyaux de conduite pour les eaux, les poêles, les marmites, les grilles.

3. Conversion de la fonte en fer. — Pour *affiner* la fonte ou la convertir en fer, on la chauffe dans des fourneaux sous un courant d'air. Le carbone brûle et se dégage en acide carbonique ; le silicium devient acide silicique, qui se combine avec une faible proportion de fer converti en oxyde, et donne un silicate fusible imprégnant la masse métallique. Un énergique martelage expulse ce silicate.

4. Le fer. — Le fer est le plus tenace de tous les métaux, c'est-à-dire le plus résistant à la rupture. Sa couleur est d'un gris bleuâtre. Il entre en fusion à quinze cents degrés environ, la plus haute température que puisse produire un bon fourneau à vent. Bien avant de se fondre, le fer se ramollit. Il peut alors être façonné sous le marteau, se souder à lui-même et prendre telle forme que l'on veut.

A l'air humide, le fer se convertit rapidement en oxyde, ou, comme on dit vulgairement, se rouille. On le préserve de l'oxydation en le recouvrant d'une mince couche d'étain, *fer étamé,* ou d'une mince couche de zinc, *fer galvanisé.* On emploie encore la peinture à l'huile, le vernis. A la chaleur rouge, l'oxydation est rapide, et le fer donne des écailles oxydées ou *battitures,* qui s'en détachent en étincelles quand il est battu sur l'enclume.

5. Acier. — L'association du carbone au fer dans la proportion d'un centième environ modifie profondément les propriétés de celui-ci et constitue l'*acier.* Ce qui distingue principalement l'acier du fer, c'est la faculté de devenir très dur par la *trempe*. Cette opération se fait en portant l'acier à une température élevée et en le plongeant brusquement dans de l'eau froide. L'acier non trempé n'est guère plus dur que le fer; après la trempe, il a une dureté qui lui permet de limer, raboter, scier le fer et même des corps plus durs. On obtient l'acier en chauffant du fer dans de la poussière de charbon. Ce traitement se nomme *cémentation*. L'acier sert à la fabrication des divers outils et instruments tranchants.

6. Oxydes de fer. — L'un de ces oxydes, exempt d'eau, donne sa couleur aux argiles, aux ocres rouges, à la sanguine; combiné avec l'eau, il passe au jaunâtre et donne sa coloration aux ocres et aux argiles jaunes. Préparé artificiellement, en décomposant par la chaleur du sulfate de fer, il porte le nom de *rouge d'Angleterre*, *rouge à polir*, et trouve son emploi dans le polissage des métaux et du verre.

7. Pyrite. — Ce composé, *bisulfure de fer*, est un produit naturel très abondamment répandu La pyrite est d'un beau jaune d'or et d'un superbe éclat métallique, cause de fréquentes illusions chez les personnes peu familiarisées avec ces apparences trompeuses. Le nom vulgaire d'*or des ânes* fait allusion à ce riche aspect d'une matière sans valeur. Grillées au contact de l'air, les pyrites dégagent de l'acide sulfureux, que l'on utilise pour la préparation économique de l'acide sulfurique.

8. Sulfate de fer. — Le sulfate de fer est connu dans le commerce sous le nom de *couperose verte* ou de *vitriol vert*. Il est d'un vert clair, d'une saveur astringente. Exposé à l'air, il perd sa transparence et prend l'aspect de la rouille. Avec le concours de la noix de galle et autres matières végétales riches en acide tannique, il teint les étoffes en noir. Pareillement avec la noix de galle il produit l'encre ordinaire.

QUESTIONNAIRE

1. Quels sont les principaux minerais de fer?— Qu'appelle-t-on gangue? — Que sont les hauts fourneaux? — Comment s'opère l'extraction du fer? — Qu'appelle-t-on fondant, laitier?

2. Qu'est-ce que la fonte? — Quels sont ses usages?

3. De quelle manière la fonte est-elle convertie en fer?

4. Quels sont les caractères du fer? — Comment préserve-t-on le fer de la rouille?

5. Qu'est-ce que l'acier? — Quelle propriété fondamentale le distingue du fer? — Comment se fait la trempe de l'acier? — Comment s'obtient l'acier? — Quels sont ses usages?

6. D'où provient la coloration rougeâtre ou jaunâtre des argiles? — Qu'est-ce que le rouge d'Angleterre?

7. Que savez-vous sur la pyrite? — Pourquoi l'appelle-t-on or des ânes? — Quel emploi en fait l'industrie?

8. Quels sont les noms vulgaires du sulfate de fer? — Comment s'obtient la teinture en noir? — Avec quoi se prépare l'encre ordinaire?

CHAPITRE XV

ZINC. — PLOMB. — CUIVRE

1. Zinc. — Le *zinc* est un métal d'un blanc bleuâtre, un peu moins aisé à fondre que le plomb et l'étain. Chauffé au-dessus de son point de fusion, il brûle en répandant une lumière blanche éclatante, accompagnée de flocons plus légers que le duvet qui flottent dans l'air au-dessus de la flamme. Cette belle expérience peut se faire dans une cuiller en fer chauffée sur quelques charbons. Les flocons blancs formés sont de l'oxyde de zinc.

2. Usages. — Les usages du zinc sont nombreux. A l'état de feuilles, il sert pour les toitures, les gouttières, les baignoires, les arrosoirs. On en fait des objets d'art moulés; mais il ne peut entrer dans les ustensiles de cuisine, parce qu'il est facilement attaquable par les acides et produit avec eux des composés vénéneux.

3. Oxyde de zinc. — Cet oxyde, d'un beau blanc, est connu en peinture sous le nom de *blanc de zinc*. Il remplace le *blanc de plomb* ou céruse, composé très vénéneux et noircissant peu à peu à l'air sous l'influence des émanations sulfhydriques. Le blanc de zinc est inoffensif et ne brunit point à l'air.

4. Plomb. — Ce métal est d'un blanc bleuâtre, très éclatant sur une coupure fraiche non encore ternie par un commencement d'oxydation. C'est le plus mou des métaux usuels et le plus facile à fondre après l'étain. Sa mollesse lui permet de laisser une trace d'un gris bleuâtre sur le papier contre lequel on le frotte.

5. Usages. — Réduit en feuilles, le plomb sert à recouvrir les toits, à tapisser les cuves. Avec ce métal se fabriquent les tuyaux de conduite pour le gaz de l'éclairage et pour l'eau. On obtient le plomb de chasse en versant le métal liquide dans des passoires en tôle percées de trous ronds. Le métal franchit ces trous sous forme d'une pluie que l'on reçoit dans l'eau d'un bassin. En se figeant, chaque goutte devient un grain rond. L'alliage des ferblantiers, ou *soudure des plombiers,* est formé de plomb et d'étain. Il est plus fusible que chacun de ses métaux constitutifs, ce qui le rend d'un emploi facile pour la soudure. L'alliage de plomb et d'antimoine sert à la fabrication des caractères d'imprimerie.

6. Oxyde de plomb. — Céruse. — Calciné dans des fours spéciaux en présence de l'air, le plomb donne d'abord un oxyde jaunâtre nommé *litharge,* puis un oxyde d'un rouge brillant légèrement orangé, nommé *minium*. Ce dernier oxyde entre dans la fabrication du cristal, qui lui doit sa limpidité et sa fusibilité. On l'emploie pour colorer les papiers de tenture, la cire à cacheter; on l'applique en peinture sur le fer pour garantir celui-ci de l'oxydation.

En dissolvant de la litharge dans de l'acide acétique (acide du vinaigre), et faisant passer ensuite un courant de gaz carbonique dans la liqueur, on obtient la *céruse*, mélange de carbonate de plomb et d'oxyde de plomb. La céruse est le corps le plus fréquemment employé en peinture, sous le nom de *blanc de plomb, blanc d'argent*. On l'utilise aussi en mélange : les peintres n'appliquent presque pas de couleur qui n'en contienne. Le motif de cet emploi, c'est que la céruse détermine la dessiccation de l'huile et masque sa teinte désagréable. Broyée, pétrie avec une petite quantité d'huile siccative, la céruse constitue le mastic des vitriers.

7. Action toxique des sels de plomb. — Tous les sels de plomb sont vénéneux. Leurs poussières produisent, chez les personnes exposées à les respirer, de graves accidents, connus sous les noms de *coliques saturnines, coliques des peintres*. Il faut éviter avec un soin extrême de laisser en contact avec du plomb les matières alimentaires, surtout quand elles sont acides.

8. Cuivre. — Le cuivre est d'une belle couleur rouge. Frotté entre les mains, il dégage une odeur désagréable. C'est le plus tenace des métaux après le fer. Sous l'influence de l'air humide et des acides, même les plus faibles, acides des fruits, du vinaigre, des corps gras, il s'altère facilement et produit des composés vénéneux connus sous le nom vulgaire de *vert-de-gris*. Il importe donc de tenir en scrupuleuse propreté les ustensiles de cuivre destinés aux usages de la cuisine. L'étamage est le moyen le plus efficace pour nous prémunir contre les dangereux effets des sels cuivriques.

9. Usages. — Employé seul, le cuivre sert à la fabrication des chaudrons, des alambics, des ustensiles de cuisine. Allié au zinc, il constitue le *laiton* ou *cuivre jaune*, avec lequel se fabriquent certains instruments de musique, les boutons, les épingles, la bijouterie fausse, les jouets d'enfants, et mille ustensiles, lampes, flambeaux, garnitures de meubles. Le *bronze* est un alliage de cuivre et d'étain. C'est avec le bronze que se font les cloches, les médailles, les objets d'art. Le bronze des monnaies est un alliage de cuivre, d'étain et de zinc.

10. Sulfate de cuivre. — Ce sel, dont le nom vulgaire est *vitriol bleu* ou *couperose bleue*, est d'une saveur métallique très désagréable. Son principal emploi est dans la teinture de la laine et de la soie.

QUESTIONNAIRE

1. Dites les caractères du zinc. — Que savez-vous sur la combustion du zinc ?

2. Quels sont les usages du zinc ?

3. Qu'est-ce que le blanc de zinc ? — A quoi sert-il ?

4. Quels sont les caractères du plomb ?

5. Quels sont les usages du plomb ? — De quoi se compose la soudure des ferblantiers ? — Comment s'obtient le plomb de chasse ?

6. Que sont la litharge et le minium ? — A quoi sert le minium ? — Comment s'obtient la céruse ? — Quels noms porte-t-elle en peinture ? — De quoi se compose le mastic des vitriers ?

7. Les composés du plomb sont-ils dangereux ?

8. Dites les caractères du cuivre. — Qu'est-ce que le vert-de-gris ? — Comment se préserve-t-on contre les propriétés vénéneuses des composés cuivriques ?

9. Qu'est-ce que le laiton ? — Quels sont ses usages ? — De quoi se compose le bronze des cloches et le bronze monétaire ?

10. Quels noms vulgaires porte le sulfate de cuivre ? — Quel est son principal emploi ?

CHAPITRE XVI

1. Mercure. — Ce métal est liquide à la température ordinaire, et d'un blanc brillant pareil à celui de l'argent. Sa fluidité et son apparence argentine lui ont fait donner le nom vulgaire d'*argent-vif*. Il se solidifie à la température de 40 degrés au-dessous de zéro. C'est un poison violent. Il entre dans la construction des thermomètres, des baromètres. Allié à l'étain, il sert à l'étamage des glaces, c'est-à-dire à recouvrir la lame de verre d'une pellicule métallique brillante, cause de la réflexion de la lumière. Cet amalgame, ou *tain des glaces*, contient quatre parties d'étain pour une partie de mercure.

2. Composés mercuriels. — Le *vermillon* ou *cinabre* est un sulfure de mercure, remarquable par sa magnifique coloration rouge, qui le fait employer en peinture. Le *calomel* et le *sublimé corrosif* sont l'un et l'autre des chlorures de mercure, dont le second contient deux fois plus de chlore que le premier. Le *calomel* est une matière cristalline, transparente et incolore, utilisée en médecine comme vermifuge et purgatif. Le *sublimé corrosif* est une matière blanche dont l'aspect rappelle celui du sucre. Il a une saveur métallique des plus désagréables, qui longtemps excite la salivation. C'est un poison des plus énergiques. On l'emploie pour la conservation des pièces anatomiques et des herbiers.

3. Argent. — L'argent est le plus blanc des métaux. Par le martelage, il peut être réduit en feuilles dont il faut environ

500 pour faire l'épaisseur d'un millimètre; 1 gramme d'argent peut donner un fil de 2,640 mètres de longueur. L'argent est inaltérable dans l'air à toute température, qualité qui lui fait prendre rang parmi les métaux précieux. Les émanations d'acide sulfhydrique provenant soit des œufs soit des fosses d'aisance, le brunissent à la surface par la formation d'un sulfure.

L'argent n'est pas employé seul, mais bien allié au cuivre, qui lui donne plus de dureté, plus de résistance à l'altération par le frottement. Les monnaies, les bijoux, les médailles et la vaisselle d'argent sont donc des alliages d'argent et de cuivre.

L'acide azotique attaque aisément l'argent et produit un azotate qui, fondu et coulé en baguettes, prend le nom de *pierre infernale*. Cette étrange dénomination provient de ce que l'azotate d'argent produit sur la peau des taches d'un noir ardoisé. La médecine fait usage de la pierre infernale pour cautériser les plaies et ronger les chairs baveuses.

4. Or. — A cause de sa grande inaltérabilité, l'or se trouve dans la nature à l'état pur. Au sein des filons de quartz, son gisement habituel, il est disséminé sous forme de paillettes, de petits cristaux, de filaments ramifiés. Les fragments d'or d'un volume un peu considérable prennent le nom de *pépites*.

L'or est d'une belle couleur jaune. C'est le plus ductile et le plus malléable des métaux. Avec un gramme d'or on peut faire un fil de 3,000 mètres de longueur. Par le martelage, il se réduit en feuilles tellement minces, qu'il en faut 10,000 pour faire l'épaisseur d'un millimètre. Dans aucun cas l'or ne s'oxyde à l'air. Les médailles antiques faites avec ce métal nous parviennent dans tout leur premier éclat, malgré un séjour plusieurs fois séculaire dans le sol, au milieu de circonslances qui auraient rendu méconnaissables les autres métaux. Cette grande inaltérabilité met l'or en tête des métaux précieux.

Comme l'argent, l'or est allié avec du cuivre dans les monnaies, les médailles, les bijoux.

5. Platine. — Comparable à l'or pour l'inaltérabilité, le platine se trouve à l'*état natif*, c'est-à-dire à l'état de métal pur. Il est d'un blanc gris. C'est le plus lourd de tous les corps connus. Il pèse vingt et une fois plus que l'eau. Il est infusible dans les fourneaux ordinaires les plus violents. Aucun acide ne l'attaque, sauf l'eau régale, qui le convertit en chlorure. L'or présente la même particularité. Sa résistance aux acides et autres agents chimiques le fait employer pour la construction d'alambics où l'on concentre l'acide sulfurique, des capsules et des creusets où doivent se passer des réactions énergiques à haute température. Il est à regretter que le prix élevé de ce métal empêche de l'employer plus fréquemment en industrie, où il rendrait les plus grands services par son excessive résistance à la chaleur et à l'action chimique.

QUESTIONNAIRE

1. Quels sont les caractères du mercure? — Pourquoi appelle-t-on ce métal argent-vif? — A quelle température devient-il solide? — Quels sont les emplois du mercure? — Qu'est-ce que le tain des glaces?

2. Qu'est-ce que le vermillon? — Quels sont les deux chlorures de mercure? — A quoi sert le calomel? — Quel est l'aspect du sublimé corrosif? — Quels sont ses usages?

3. Dites les caractères de l'argent. — Comment brunit l'argenterie? — L'argent est-il seul dans les monnaies, la bijouterie? — Qu'est-ce que la pierre infernale? — D'où provient cette dénomination? — Quels usages la médecine fait-elle de ce composé?

4. Où se trouve l'or, et dans quel état? — Qu'appelle-t-on pépite? — Dites les principales propriétés de l'or. — Avec quoi est-il allié dans les monnaies et les bijoux?

5. Quel est le plus lourd de tous les corps? —

Dites les caractères du platine. — Quel est le seul acide qui puisse l'attaquer? — Sa fusion est-elle difficultueuse? — Quelles propriétés le rendent précieux dans l'industrie? — Citez quelques exemples de son emploi.

CHAPITRE XVII

POTERIES. — VERRES

1. Acide silicique ou silice. — Ce composé de silicium et d'oxygène constitue la majeure part des quartz, des silex, des grès, des agates, des cailloux, des sables. Il entre dans la composition de nombreuses roches : granit, porphyre, basalte, lave. Le cristal de roche est de l'acide silicique pur. C'est une matière incolore, transparente, d'aspect vitreux, cristallisant d'ordinaire en colonnes à six faces terminées par des pyramides.

2. Argiles. — Les argiles sont formées de silicate d'alumine, associé à diverses matières étrangères, comme le calcaire, l'oxyde de fer, le sable. Délayées dans l'eau, elles forment une pâte plus ou moins liante. L'argile la plus pure est blanche et porte le nom de *kaolin* ou

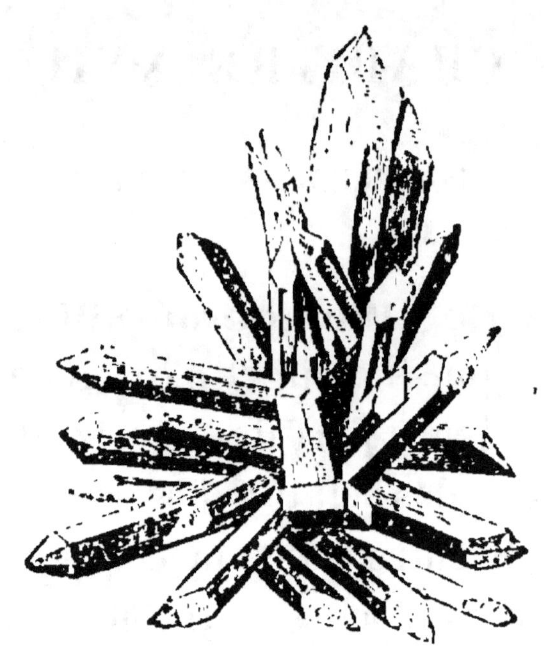

Fig. 14. — Cristal de roche.

terre à porcelaine. Elle provient de la décomposition des roches granitiques. On appelle *plastiques* les argiles onctueuses au toucher formant avec l'eau une pâte tenace, qui durcit beaucoup au feu sans entrer en fusion. Elles servent à la fabrication des poteries réfractaires, c'est à-dire qui peuvent supporter une haute température sans se fondre. — Les argiles *figulines* sont facilement fusibles à cause du carbonate de chaux et de l'oxyde de fer qui les accompagnent. Elles sont employées à la fabrication des poteries grossières.

3. Poteries. — Depuis la plus modeste écuelle jusqu'aux plus riches porcelaines, toute poterie s'obtient avec de l'argile. Les argiles les plus grossières servent à faire des briques, des tuyaux pour la conduite des eaux, des pots pour la culture des fleurs ; les argiles impures, mais à pâte fine, sont utilisées pour la fabrication de la terraille vulgaire ; enfin l'argile très pure ou le kaolin donne la porcelaine.

4. Tour du potier. — Pour donner rapidement et sans peine une forme régulière à la pâte d'argile, le potier se sert du tour. Sous la table de travail est une roue que l'ouvrier fait mouvoir en la poussant du pied. L'axe de cette roue porte supérieurement un petit plateau, au centre duquel se met la motte d'argile qu'il s'agit de façonner en vase quelconque. Le potier plonge le pouce dans l'argile informe qui tourne avec son support ; cela suffit pour produire une cavité régulière, à cause de la régularité du mouvement. La cavité s'agrandit, la paroi se dresse, s'amincit, maintenue et polie par le contact de la main.

5. Poterie commune. — Lorsque le travail du tour est fini, les pièces sont laissées à l'air jusqu'à la dessiccation. On les plonge alors dans une bouillie très claire formée d'eau et d'une fine poussière de minerai de plomb, sulfure de plomb, connue sous le nom de *galène* ou *alquifoux*. Par l'action du fourneau, à la chaleur duquel la poterie est alors soumise, cette poussière se fond, s'incorpore avec la surface de l'argile et donne un vernis vitreux sans lequel la pièce reste-

Fig. 15. — Tour du potier.

rait perméable aux liquides et laisserait
peu à peu suinter son contenu. L'alquifoux

donne un vernis jaune, couleur de miel ; la majeure partie des poteries communes est ainsi vernissée. Mais avec d'autres composés métalliques on obtient telle couleur que l'on désire. Le cuivre donne du vert ; le manganèse, du violet ; le cobalt, du bleu.

La *faïence fine* ou *terre de pipe* est faite avec une argile blanche, presque pure. Le vernis est d'un blanc de lait et contient de l'étain. La *faïence commune* s'obtient avec une argile impure, rougeâtre après la cuisson et non blanche, comme la précédente. On masque cette teinte grossière sous une épaisse couche d'un vernis blanc.

6. Porcelaine. — La terre à porcelaine ou kaolin est rare. La France en possède notamment à Saint-Yrieix, dans la Haute-Vienne. La pâte de kaolin est tantôt travaillée au tour, et tantôt façonnée dans des moules. Les pièces sont soumises à l'action d'un fourneau qui expulse complètement l'humidité sans cuire la pâte. On procède alors à la mise en couverte, c'est-à-dire qu'on applique à la surface de la porcelaine un enduit fusible qui forme vernis sous l'influence d'une chaleur élevée. Outre ce vernis, la porcelaine porte souvent des ornementations colorées, qui s'obtiennent avec diverses combinaisons métalliques, appliquées au pinceau, puis fondues et combinées avec la matière superficielle du vase par l'action d'une forte chaleur.

7. Nature des verres. — Les verres sont des combinaisons d'acide silicique avec des oxydes variables, potasse, soude, chaux, alumine, oxyde de plomb, oxyde de fer. — Le *verre de Bohême* est remarquable par sa limpidité et sa dureté. Il entre dans sa compostion de la silice, de la potasse et de la chaux. — Le *verre à glace* et le *verre à vitres* renferment de la soude au lieu de potasse; cet oxyde leur donne une faible teinte verte que n'ont pas les verres à base de potasse. Le verre à vitres est celui dont la consommation est la plus grande ; il sert à la fabrication des objets de gobeleterie et des vitres pour croisées. — Le *verre à bouteilles* doit sa couleur verdâtre à la forte proportion d'oxyde de fer qu'apportent les matières premières destinées à sa fabrication. Ces matières sont du sable ferrugineux, de la soude, des cendres, de l'argile ocreuse. — On nomme *cristal* le verre dans la composition duquel il entre du plomb. C'est de tous les verres le plus limpide, le plus sonore, le plus lourd. On l'emploie pour la verrerie de luxe. — L'*émail* est du cristal rendu opaque au moyen de l'oxyde d'étain. La matière d'un beau blanc de lait avec laquelle se font les cadrans de montre et de pendule appartient à cette catégorie. Si l'on introduit dans la composition de cet émail blanc des oxydes colorants, on obtient des *émaux colorés*.

QUESTIONNAIRE

1. Qu'est-ce que l'acide silicique ou silice? — Est-il bien répandu? — Qu'appelle-t-on cristal de roche?

2. De quoi sont composées les argiles? — Dites les caractères du kaolin, des argiles plastiques, des argiles figulines.

3. Avec quoi se fabriquent les diverses poteries?

4. En quoi consiste le tour du potier?

5. Comment s'obtient le vernis des poteries communes? — Que savez-vous sur la faïence fine? sur la faïence commune?

6. Avec quoi se fabrique la porcelaine? — Comment s'obtiennent son vernis et ses ornementations colorées?

7. Quelle est la nature des verres? — Dites les caractères et la composition du verre de Bohême, du verre à vitres, du verre à bouteilles, du cristal. — Qu'est-ce que l'émail? — Comment s'obtiennent les émaux colorés?

CHIMIE ORGANIQUE

CHAPITRE XVIII

ACIDES VÉGÉTAUX

1. Communauté d'éléments chimiques entre les corps vivants et les corps bruts. — Dans l'animal et dans la plante ne se trouve aucun élément qui n'appartienne au domaine du minéral; la matière vivante et la matière brute ont les mêmes métaux et les mêmes métalloïdes. Pour ses ouvrages, la vie emprunte ses matériaux au règne minéral et les lui rend tôt ou tard, car tout en provient chimiquement et tout y revient. Les éléments chimiques constituent le fond commun des choses, où tout puise, où tout rentre sans qu'il y ait jamais ni perte ni gain d'un atome matériel.

2. Principaux éléments des substances organiques. — Le carbone se trouve dans tous les composés de la nature vivante. Aussi toute substance organique soumise à l'action de la chaleur se *carbonise*, c'est-à-dire dégage ses autres éléments à l'état de composés gazeux et laisse du charbon pour résidu.

Au carbone s'associe l'hydrogène pour former des composés binaires. Les essences de térébenthine et de citron, le caoutchouc, sont uniquement formés de carbone et d'hydrogène.

Si l'oxygène s'adjoint au carbone et à l'hydrogène, il résulte de l'association ternaire la grande majorité des composés organiques, tels que le sucre, l'amidon, la substance ligneuse, les acides végétaux, les matières grasses.

Enfin l'azote complète la série des éléments qui jouent le plus grand rôle dans les produits chimiques de la vie. On le trouve, avec les trois éléments qui précèdent, dans la fibrine, principe de la chair musculaire, dans la caséine, principe du lait, dans l'albumine ou blanc d'œuf, dans les alcaloïdes végétaux.

3. Acides végétaux. — Ce sont des composés ternaires, renfermant du carbone, de l'oxygène et de l'hydrogène, qui se trouvent dans diverses matières végétales; possèdent la saveur aigre, rougissent le tournesol et sont aptes, comme les acides minéraux, à se combiner avec les oxydes pour constituer des sels.

4. Acide oxalique. — En combinaison avec la potasse et la chaux, l'acide oxalique est fréquent dans les végétaux, notamment dans l'oseille, qui lui doit sa saveur aigre. C'est une matière solide, incolore, sans odeur, d'une saveur piquante. Il est vénéneux à la dose d'une quinzaine de grammes. Son composé avec la potasse porte le nom vulgaire de *sel d'oseille*. On l'emploie, ainsi que le sel d'oseille, pour récurer les ustensiles en cuivre et pour enlever sur le linge les taches de rouille et d'encre.

5. Acide citrique. — C'est lui qui donne son acidité aux citrons. Isolé, c'est une matière solide, incolore, d'une saveur aigre très prononcée. La pharmacie le fait entrer dans certains sirops et certaines limonades. La médecine utilise le citrate de fer, qui n'a pas la saveur âpre et métallique des autres sels de fer.

6. Acide tartrique. — Le raisin en renferme abondamment à l'état de tartrate de potasse et de tartrate de chaux. Pendant la vinification du jus de raisins, ces deux sels se déposent et forment sur les parois des tonneaux une croûte appelée *tartre,* d'où provient la dénomination appliquée à l'acide. Les vins en bouteille laissent aussi parfois déposer une matière granuleuse formée des mêmes sels. L'acide tartrique est une matière solide, incolore, d'une saveur aigre très forte. Ce qu'on nomme *émétique* en pharmacie est un tartrate double de potasse et d'antimoine. C'est un remède des plus énergiques dans les cas d'empoisonnement.

7. Acide tannique. — L'écorce du chêne, les excroissances connues sous le nom de *noix de galle* et une foule d'autres matières végétales contiennent une substance à saveur acerbe astringente qui, au contact du fer, détermine une coloration noire. Cette substance prend le nom de *tanin* ou d'*acide tannique,* parce qu'elle est contenue dans le *tan,* écorce de chêne pulvérisée, que l'on emploie pour *tanner* les peaux et en faire du cuir. L'encre ordinaire et la teinture en noir s'obtiennent par la formation du tannate de fer.

8. Acide lactique. — C'est l'acide du lait aigri. Il constitue un liquide sirupeux, incolore, doué d'une grande acidité. La médecine utilise le lactate de fer.

9. Acide acétique. — L'acide acétique est le principe acide du vin aigri ou du *vinaigre*. Il résulte d'une oxydation éprouvée par l'alcool. Le bois chauffé en vase clos donne de l'acide acétique impur, à odeur goudronneuse, nommé *vinaigre de bois* ou *acide pyroligneux*. Purifié des matières étrangères, cet acide du bois ne diffère en rien de l'acide acétique provenant de l'oxydation de l'alcool. Chimiquement pur, l'acide acétique est un corps solide, cristallisant en lames transparentes d'un grand éclat. Il fait partie du vinaigre, employé comme assaisonnement et pour la conservation de certaines matières alimentaires. Il entre dans la composition de divers sels employés en teinture comme *mordants,* c'est-à-dire comme substances aptes à fixer les matières colorantes sur les tissus. Le mordant pour rouge des indienneurs est de l'acétate d'alumine; le mordant pour noir est de l'acétate de fer.

L'acétate de plomb, dissous dans l'eau, donne l'*extrait de Saturne*, ou l'*eau blanche* dont on se sert pour laver les plaies. L'acétate de cuivre est le *vert-de-gris*, utilisé dans la peinture à l'huile. On l'obtient en empilant de vieilles lames de cuivre et du marc de raisin aigri.

QUESTIONNAIRE

1. Les corps vivants ont-ils les mêmes éléments chimiques que les corps bruts?

2. Quels sont les principaux éléments des composés organiques? — Que donnent le carbone et l'hydrogène? le carbone, l'hydrogène et l'oxygène? le carbone, l'hydrogène, l'oxygène et l'azote? — A quel caractère facile se reconnaît un composé organique?

3. Que sont les acides végétaux?

4. Où se trouve l'acide oxalique? — Qu'est-ce que le sel d'oseille? — A quoi sert l'acide oxalique?

5. Que savez-vous sur l'acide citrique?

6. D'où provient le nom d'acide tartrique? —

Qu'est-ce que l'émétique? — Quel est son emploi?

7. Où se trouve l'acide tannique? — D'où vient le nom de cet acide? — A quels usages sert l'acide tannique?

8. Comment se nomme l'acide du lait aigri?

9. Comment se nomme le principe actif du vinaigre? — Qu'est-ce que le vinaigre de bois? — Comment est l'acide acétique chimiquement pur? — Qu'appelle-t-on mordants? — Citez-en quelques-uns. — Qu'est-ce que l'extrait de Saturne? — Comment s'obtient le vert-de-gris commercial?

CHAPITRE XIX

1. Cellulose. — Cette substance, composée de carbone, d'hydrogène et d'oxygène, forme la majeure partie du bois ; elle est la matière première du monde végétal. Les vieux chiffons de toile et de coton sont de la cellulose à peu près pure, car les traitements nombreux et énergiques que ces chiffons ont subis ont éliminé presque en totalité les matières étrangères, tout en laissant la cellulose intacte. La cellulose est blanche, sans forme déterminée, très résistante à l'action prolongée de l'air et de l'humidité.

2. Coton-poudre. — **Collodion.** —

Par une courte immersion dans de l'acide azotique concentré, la cellulose, et notamment le coton, sans changer en rien d'aspect, devient une matière inflammable, explosive, que l'on désigne sous les noms de *coton-poudre*, *fulmicoton*, et qui produit, avec plus de violence encore, tous les effets de la poudre ordinaire.

Le coton-poudre se dissout dans l'éther additionné d'alcool, et donne un liquide sirupeux appelé *collodion*. Étendu en mince couche, ce liquide se prend en une pellicule imperméable, très adhésive, utilisée en photographie, en chirurgie.

3. Fibres textiles. — La cellulose constitue les *fibres textiles* avec lesquelles se fabriquent les fils, les tissus, les cordages. Les végétaux les plus importants sous le rapport des fibres textiles sont le lin, le chanvre et le cotonnier. L'écorce du chanvre et celle du lin sont composées de longues fibres fines, souples et tenaces; les coques des cotonniers contiennent une bourre soyeuse et blanche qui est le coton.

1. Papier. — Les chiffons et les subs-

Fig. 16. — Capsule du cotonnier.

tances filamenteuses végétales sont les matières premières avec lesquelles se fabrique le papier. Réduits en pâte sous des meules et blanchis par le chlore, ces chiffons donnent une bouillie claire qui, étalée en mince lame sur des tamis de toile métallique, devient feuilles de papier. Pour les papiers grossiers on emploie, concurremment avec les chiffons de toile et de coton, la paille, le foin, le bois tendre, les roseaux, les feuilles de pin, enfin les diverses matières végétales qui peuvent fournir une pâte fibreuse.

5. Amidon. — Le contenu des cellules végétales consiste fréquemment en une matière blanche, granuleuse, sans saveur, insoluble dans l'eau, ayant exactement la même composition que la cellulose, quoique douée de propriétés différentes. On donne à cette matière les noms d'*amidon, fécule, matière amylacée.* On la trouve dans le tissu des racines, des tubercules, des fruits, des graines. Elle est à peu près pour la plante ce que la graisse est pour l'animal, c'est-à-dire une substance alimentaire en réserve pour les développements futurs.

Réduisons une pomme de terre en

pulpe avec une râpe et lavons cette pulpe sur un linge fin. Les débris des cellules déchirées resteront sur le filtre, tandis que l'eau entrainera, à travers les mailles du tissu, une substance qui s'amassera au

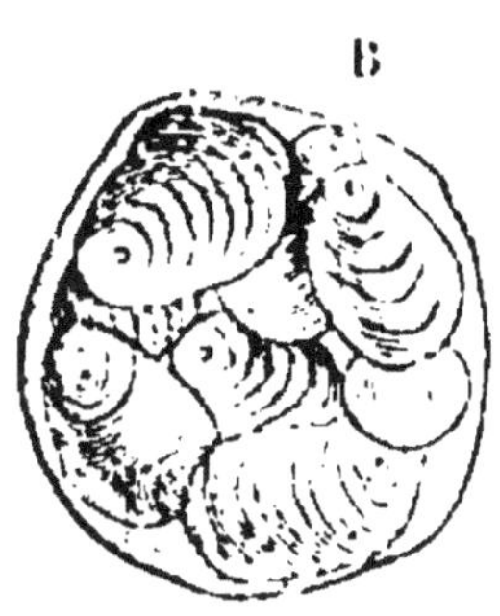

Fig. 17. — Fécule de pomme de terre très grossie.
A. Grain de fécule isolé.
B. Cellule remplie de grains.

fond du vase en une poudre blanche, craquant sous les doigts. Cette poudre est la fécule de la pomme de terre.

La matière amylacée a la forme de granules plus ou moins arrondis, dont la grosseur diffère d'une espèce végétale à l'autre. Chauffée dans l'eau, elle se transforme en une masse visqueuse, transparente, appelée *empois*. L'industrie la convertit en une espèce de sucre ou *glucose*, utilisé pour la fabrication de la bière, de l'eau-de-vie de grains et de certains sirops. L'amidon du blé sert à faire l'empois avec lequel on donne de l'apprêt au linge blanchi. Quelques fécules sont destinées à l'alimentation, notamment le *tapioca*, extrait des racines d'une plante nommée *cassave* et cultivée dans l'Amérique du Sud; le *sagou*, provenant de la moelle de certains palmiers; le *salep* fourni par les tubercules de quelques plantes nommées *orchis*.

6. Diastase. — C'est un composé quaternaire, contenant de l'azote, qui par son simple contact a la puissance de transformer la fécule en une substance soluble, la *dextrine*, et enfin en une autre nommée *glucose*. A l'éveil du germe, soit de la graine, soit du tubercule, de la diastase apparaît à proximité de la jeune pousse, et change la fécule insoluble en principes de même composition, mais solubles, la dextrine et le glucose, dont se nourrit la plante naissante.

7. Dextrine. — La dextrine, incolore, transparente, très soluble dans l'eau, est pareille de composition chimique à la fécule et à la cellulose. On l'obtient artificiellement en chauffant de l'amidon dans de l'eau acidulée avec de l'acide sulfurique. Elle remplace la gomme dans les applications industrielles. On l'emploie pour l'apprêt des tissus, pour la fabrication des étiquettes gommées, des timbres-poste.

QUESTIONNAIRE

1. Qu'est-ce que la cellulose? — Citez des exemples de cellulose à peu près pure.

2. Comment s'obtient le coton-poudre? — Quelles sont ses propriétés? — Qu'est-ce que le collodion?

3. Citez les principales fibres textiles.

4. Avec quoi se fabrique le papier? — Qu'emploie-t-on pour les papiers grossiers?

5. Où se trouve l'amidon? — Quels autres noms porte-t-il? — Quel est le rôle de cette substance dans le végétal? — Comment peut-on

retirer la fécule d'une pomme de terre? — Qu'est-ce que l'empois? — Citez quelques fécules alimentaires.

6. Qu'est-ce que la diastase? — Où se forme-t-elle? — Quelle est sa propriété?

7. Qu'est-ce que la dextrine? — Comment l'obtient-on artificiellement? — Quels sont ses usages?

CHAPITRE XX

1. Glucose. — Le glucose est la substance à saveur sucrée des raisins mûrs, des figues, des pruneaux et autres fruits doux. Il constitue les efflorescences d'aspect farineux qui recouvrent ces fruits à l'état sec. C'est en glucose que, sous l'influence de la diastase, se convertit finalement l'amidon dans la graine en germination pour alimenter la jeune plante. L'industrie utilise la transformation de la fécule en glucose, soit par l'action de l'eau acidulée, soit par l'action de la diastase, tantôt pour obtenir le glucose lui-même, tantôt pour arriver à l'alcool, l'un de ses dérivés. Le glucose est blanc, soluble dans l'eau, d'une saveur beaucoup moins douce que celle du sucre ordinaire. Les liquoristes, les confiseurs, les brasseurs, en font emploi sous le nom de *sucre de fécule.*

2. Sucre ordinaire. — Ce sucre est très répandu dans l'organisation végétale. On le retire principalement de la betterave blanche. Les racines lavées, réduites en pulpe et alors soumises à une forte pression, donnent un liquide qui, par évaporation, fournit un sucre impur, la *cassonade.* Celle-ci est *raffinée*, décolorée par le noir animal. Le résultat du traitement est le sucre commercial, très blanc, cristallin, moulé en pains coniques.

Le sucre pur cristallise en prismes incolores, transparents. C'est ainsi qu'il se présente lorsqu'il porte le nom de sucre candi. Le sucre en pains est formé de petits cristaux agglomérés. Soumis au choc ou à la friction, il répand une lueur phosphorescente. Chauffé à la température de 200 degrés environ, il se transforme en une masse brune appelée *caramel*.

Le *sucre d'orge* est du sucre ordinaire roulé en petits bâtons. On l'obtient en versant sur un marbre un sirop de sucre très consistant. Son nom lui vient de ce qu'on faisait entrer autrefois dans sa préparation une décoction d'orge.

Le *sucre de pommes* est du sucre d'orge additionné de gelée de pommes et d'un peu d'essence de citron.

3. Miel. — Le principe sucré du miel est une espèce de sucre analogue au glucose. L'*hydromel*, boisson dont on fait usage dans le nord de l'Europe, s'obtient en mélangeant du miel avec de l'eau et en soumettant le liquide à la fermentation.

4. Fermentation. — On appelle *ferments* ou *levures* des êtres organisés, généralement des végétaux microscopiques, qui vivent et se développent aux dépens de certaines substances organiques et les transforment en d'autres principes. Le travail chimique qui s'accomplit sous leur influence prend le nom de *fermentation*. Les germes de ces êtres sont amenés sur la substance fermentiscible par la voie de l'air, où ils sont tenus en suspension comme les poussières les plus fines. Le ferment qui transforme le glucose en alcool porte le nom de *ferment alcoolique*. Il se compose de cellules articulées l'une à l'autre.

QUESTIONNAIRE

1. Qu'est-ce que le glucose ? — Comment l'industrie l'obtient-elle ? — Quel nom lui donne-t-on ?

2. D'où retire-t-on le sucre ordinaire ? — Qu'est-ce que la cassonade ? — Comment devient-elle le sucre en pain ? — Que savez-vous sur le sucre candi, le sucre d'orge, le sucre de pommes, le caramel ?

3. Quelle matière donne au miel sa douceur ? — Comment se prépare l'hydromel ?

4. Qu'appelle-t-on ferments ? — Où se trouvent ces ferments ? — Qu'est-ce que la fermentation ? — Qu'est-ce que le ferment alcoolique ?

CHAPITRE XXI

VINIFICATION. — ALCOOL. — ÉTHER.
PANIFICATION.

1. Le vin. — Le *moût* ou jus du raisin contient abondamment du glucose. Par la fermentation, ce glucose se dédouble en alcool, qui reste dans le liquide, et en acide carbonique, qui se dégage dans l'atmosphère. Ce travail est accompagné d'une élévation de température qui atteint une trentaine de degrés, et d'un bouillonnement tumultueux occasionné par le gaz carbonique se dégageant en bulles. Le vin contient donc de l'eau, qui fait la majeure partie du moût ; de l'alcool, provenant du dédoublement du glucose ;

quelques sels, notamment le tartrate de potasse ; enfin une matière colorante fournie par les peaux des raisins. Cette matière colorante ne se dissout dans le liquide qu'à la faveur de l'alcool formé ; aussi, pour obtenir du vin blanc, on soumet à la presse les raisins foulés, noirs ou blancs indistinctement. On sépare ainsi le moût de la pulpe, principalement formée des peaux des fruits ; et, la fermentation venant après, l'alcool ne trouve plus de matière colorante à dissoudre.

2. Le cidre. — Dans certaines contrées où le climat s'oppose à la culture de la vigne, on supplée au vin par le jus fermenté de divers fruits sucrés. Cette boisson porte le nom de *cidre* ou de *poiré*, suivant qu'il a été préparé avec des pommes ou avec des poires.

3. La bière. — Elle s'obtient par la fermentation de l'orge, dont la matière amylacée a été préalablement convertie en glucose. De l'orge humectée est mise germer dans un local à température d'une quinzaine de degrés, ce qui fait apparaître de la diastase au voisinage du germe. Le grain est alors desséché dans une étuve et réduit en une poudre grossière nommée *malt*. Délayé dans de l'eau, le malt est chauffé. Sous l'influence de la diastase

Fig. 18. — Houblon.

formée pendant le travail de la germination, la matière amylacée se convertit en glucose, et le liquide prend une saveur sucrée. Enfin ce liquide ou *moût* est soumis à la fermentation, que l'on provoque par l'addition d'un peu de *levure* provenant d'une opération précédente. Le travail se passe comme pour la vinification. Le glucose se dédouble en alcool et gaz carbonique. Des écumes se forment, que l'on recueille et presse dans un sac. Elles constituent la levure de bière. On donne à la bière son arome et son amertume particuliers avec les fleurs ou cônes du houblon, plante grimpante expressément cultivée pour cet usage.

4. Liqueurs alcooliques. — Pour obtenir des produits plus riches en alcool, on soumet à la distillation les liquides fermentés. On appelle *eau-de-vie de Cognac*, le produit de la distillation des vins du Midi ; *rhum*, celui qui provient de la fermentation du jus des cannes à sucre ; *kirsch*, celui que fournissent les cerises à noyaux amers, écrasées et fermentées avec leurs noyaux. Le *wisky* de l'Écosse et de l'Irlande s'obtient avec de l'orge, du seigle ou des pommes de terre et addition de prunelles sauvages ; le *genièvre* se prépare avec des baies de genévrier ; le *rack* des Indes est donné par le riz.

5. Alcool. — Le principe actif de toutes ces liqueurs fermentées est l'*al-*

cool, liquide transparent, très fluide, très mobile, d'une odeur agréable, d'une saveur brûlante. L'alcool est très inflammable; au contact de l'air, il brûle avec une flamme d'un bleu pâle, en donnant naissance à de l'eau et à de l'acide carbonique. Pur, il est sans emploi dans l'industrie. Associé à une proportion variable d'eau, dont il est bien difficile de le débarrasser entièrement, il constitue l'alcool du commerce, l'*esprit-de-vin*, l'*eau-de-vie*.

6. Éther. — La distillation d'un mélange d'alcool et d'acide sulfurique concentré donne de l'*éther*, liquide incolore, d'une odeur vive et suave, d'une saveur âcre et brûlante, très inflammable et brûlant avec une flamme blanche et lumineuse. Sa vapeur peut s'enflammer à distance d'un corps en ignition. Il est donc imprudent de tenir à la main, dans le voisinage du feu, un flacon ouvert contenant de l'éther.

7. Farine de froment. — Réduisons un peu de farine en pâte et malaxons celle-ci sous un filet d'eau. Le liquide passe d'abord blanc, entraîne avec lui de l'*amidon* et dissout de la *dextrine* et du *glucose*. Quand la pâte pétrie ne cède plus rien à l'eau, il reste entre les doigts une matière molle, plastique, grisâtre, d'une odeur spéciale. C'est le *gluten*, mélange de plusieurs substances quaternaires, renfermant de l'azote dans leur composition, outre le carbone, l'oxygène et l'hydrogène. On y trouve d'abord une matière grisâtre, dont la composition et les propriétés chimiques sont les mêmes que celle du principe de la chair musculaire. Cette matière est de la *fibrine*. On y trouve aussi l'un des principes du lait, la *caséine*, ayant même composition que la fibrine; on y trouve enfin de l'*albumine*, pareille à celle du blanc de l'œuf. Le gluten contient donc trois principes azotés, identiques chimiquement à ceux qui remplissent un si grand rôle dans l'organisation animale. Ainsi s'explique la haute propriété nutritive du gluten.

En somme, la farine, et plus particulièrement celle du froment, contient de l'amidon, de la dextrine, du glucose et du gluten, lui-même formé de fibrine, de caséine et d'albumine.

8. Panification. — La farine de froment, pétrie seulement avec de l'eau, donne un pain lourd, compact, de digestion laborieuse. En ajoutant du *levain* à la pâte, on provoque la fermentation alcoolique du glucose. Il se produit ainsi du gaz carbonique, qui reste emprisonné dans la masse, car le gluten se gonfle sous l'expansion du gaz, s'étend en membranes et forme une foule de cavités sans issue. De la sorte la pâte se gonfle et devient poreuse. L'effet du levain est donc de produire un pain très poreux, léger, et par conséquent de digestion facile.

Le *levain* est une pâte fermentée mise en réserve dans une opération précédente. Mélangé avec une pâte fraîche, il communique à celle-ci la fermentation dont il est lui-même le siège.

9. Pâtes alimentaires. — Ces pâtes, c'est-à-dire les *vermicelles, macaronis*, etc., se préparent avec des farines très riches en gluten. Dans ce cas, la pâte n'est pas soumise à la fermentation.

QUESTIONNAIRE

1. Que devient le glucose des raisins pendant la fermentation ? — Par quoi est fournie la matière colorante du vin ? — Comment s'obtient le vin blanc ? — Que contient le vin ?

2. Qu'est-ce que le cidre ?

3. Comment s'obtient la bière ? — Avec quoi lui donne-t-on l'arome et l'amertume ? — Qu'est-ce que la levure ?

4. Citez les principales liqueurs alcooliques.

5. Dites les caractères de l'alcool pur. — Que contiennent l'eau-de-vie, l'esprit-de-vin ?

6. Comment s'obtient l'éther ?

7. Que trouve-t-on dans la farine de froment ?

— Qu'est-ce que le gluten ? — Quels principes azotés contient-il ?

8. Que se passe-t-il pendant la panification ? — Pourquoi le pain est-il poreux ? — Qu'est-ce que le levain ?

9. Avec quoi se préparent les pâtes alimentaires ?

CHAPITRE XXII

CORPS GRAS. — BOUGIES STÉARIQUES.
SAVONS.

1. Corps gras. — Les corps gras, huiles, graisses, suif, sont plus légers que l'eau, onctueux au toucher, et font sur le papier une tache translucide que la chaleur ne dissipe pas. Ils sont solubles dans l'éther et le sulfure de carbone. Leur caractère chimique fondamental est de se *saponifier* ou de se convertir en *savon* quand on les traite par un alcali, potasse, soude, ammoniaque, chaux. Ils sont des mélanges de divers composés, dont les principaux sont l'*oléine*, la *margarine*, la *stéarine* et l'*élaïne*.

2. Margarine, stéarine, oléine, élaïne. — La *margarine* est solide, blanche, d'un aspect un peu nacré. On la trouve dans l'huile d'olive et la plupart des corps gras. L'*oléine* est liquide. Associée à la margarine, elle constitue l'huile d'olive. Le suif est un mélange d'oléine et de *stéarine*. Celle-ci est une matière solide, cristallisant en petites lamelles nacrées. Enfin l'*élaïne* remplace l'oléine dans les huiles dites *siccatives*.

3. Huiles siccatives et huiles non siccatives. — Exposée à l'action de l'air, l'huile d'olive s'altère en absorbant de l'oxygène, qui convertit son oléine en un acide à odeur rance; mais elle ne s'épaissit pas. Au contraire, l'huile de lin, sous l'influence oxydante de l'air, se dessèche peu à peu et forme une matière résineuse solide. On divise donc les huiles en deux catégories : les *huiles siccatives*, qui se résinifient à l'air, et les *huiles non siccatives*, qui rancissent sans devenir solides. Les principales huiles non siccatives sont : l'*huile d'olive*, employée pour l'alimentation, l'éclairage et la fabrication des savons ; les *huiles de navette* et de *colza*, employées pour l'éclairage. Au nombre des huiles siccatives sont : l'*huile de lin*, employée pour la peinture ; les *huiles de noix* et *d'œillette*, employées pour l'alimentation et la peinture ; l'*huile de ricin*, utilisée comme médicament.

4. Saponification. — Soumis à l'action des alcalis, les principes des corps gras se combinent avec de l'eau et se dédoublent en *glycérine* et en acide gras, qui sont : l'*acide stéarique* pour la stéarine, l'*acide margarique* pour la margarine, l'*acide oléique* pour l'oléine. Ces acides se combinent avec l'alcali pour constituer un sel, *stéarate, margarate, oléate.*

5. Glycérine. — Quel que soit le sel formé pendant la saponification, il y a toujours formation de *glycérine*. Dans les usines de bougies stéariques, il se produit des quantités énormes de ce corps. C'est un liquide sirupeux, incolore et d'une saveur franchement sucrée. Traitée par l'acide azotique, la glycérine donne la *nitroglycérine*, liquide explosif, d'un maniement redoutable et base de la *dynamite*, employée pour l'exploitation des mines, des carrières.

6. Acides gras. — *L'acide stéarique* est un corps solide, blanc, sans odeur, sans saveur, cristallisant en aiguilles brillantes. Les bougies ordinaires en sont presque entièrement formées. *L'acide margarique* ressemble au précédent. *L'acide oléique* est liquide, huileux, sans odeur.

7. Bougies stéariques. — Chauffé dans de l'eau avec de la chaux, le suif se saponifie et donne d'une part de la glycérine qui se dissout dans le liquide, d'autre part du stéarate et de l'oléate de chaux, composés solides. Cette dernière matière, traitée par l'acide sulfurique, cède son acide stéarique et son acide oléique, tandis que la chaux forme du sulfate de chaux. Enfin le mélange des deux acides gras est soumis à une forte pression. L'acide oléique, liquide, s'écoule, et il reste l'acide stéarique, avec lequel se fabriquent les bougies, qui n'ont rien de l'odeur déplaisante et du contact graisseux du suif.

8. Savons. — Le savon ordinaire est la combinaison d'un acide gras avec la soude ou la potasse. On l'obtient en traitant à l'ébullition une matière grasse, huile ou suif, par une dissolution de potasse ou de soude. La potasse donne les *savons mous,* et la soude donne les *savons durs.* En outre, les caractères spéciaux de chaque savon dépendent de la matière grasse employée. Ainsi le suif, riche en stéarine, donne avec la soude un savon plus dur que celui de l'huile d'olive, où prédomine l'oléine.

Le principe actif du savon est l'alcali,

soude ou potasse. Cet alcali seul agit sur les souillures graisseuses du linge et les fait disparaître en les rendant solubles dans l'eau. L'acide gras qui lui est associé a pour effet de rendre sans danger le maniement de l'alcali, qui seul corroderait les mains.

QUESTIONNAIRE

1. De quoi sont formés les corps gras? — Quel est leur caractère fondamental?

2. Que savez-vous sur la stéarine, la margarine, l'oléine, l'élaïne?

3. Qu'entend-on par huiles siccatives? — Dites les principales. — Citez les huiles non siccatives?

4. En quoi consiste la saponification?

5. Dans quelles conditions se forme la glycérine? — Quelles sont ses propriétés? — Comment s'obtient la nitroglycérine? — Quelle est la matière explosive de la dynamite?

6. Citez les principaux acides gras.

7. De quoi sont composées les bougies dites stéariques? — Comment s'obtient l'acide stéarique?

8. En quoi consiste le savon ordinaire? — Que renferment les savons durs et les savons mous? — Quel est le principe actif du savon?

CHAPITRE XXIII

1. Essences. — On nomme *essences,
huiles essentielles, huiles volatiles,* les
principes odorants des végétaux. Ces
substances sont tantôt solides (camphre),
tantôt liquides (essence de térébenthine).
Dans ce dernier cas, elles ont un aspect
huileux et font sur le papier une tache
translucide qui se dissipe par l'évaporation. Toutes sont très peu solubles dans
l'eau, très solubles, au contraire, dans
l'alcool et l'éther. Elles possèdent une
odeur forte, variable de l'une à l'autre ;
elles sont combustibles et brûlent avec
une flamme fuligineuse.

La plupart des essences sont composées uniquement de carbone et d'hydrogène. Telles sont les essences de *térébenthine*, de *citron*, d'*orange*, de *girofle*, de *lavande*.

2. Essence de térébenthine. — En soumettant à la distillation la matière résineuse qui s'écoule des pins, on obtient l'*essence de térébenthine*, liquide incolore, très fluide, d'une odeur forte, d'une saveur âcre et brûlante. On l'emploie en peinture. Sa vapeur produit sur l'organisation des effets délétères; aussi est-il dangereux d'habiter des appartements fraîchement peints à l'essence, et surtout d'y coucher.

3. Camphre. — Le camphre est la plus importante des essences qui, outre le carbone et l'hydrogène, renferment l'oxygène dans leur composition. On le retire du *laurier camphrier*, bel arbre de la Chine et du Japon. C'est une matière blanche, transparente, flexible, d'une odeur et d'une saveur spéciales. Il brûle avec une flamme brillante, fuligineuse. Il flotte sur l'eau, sur laquelle on peut l'enflammer.

4. Résines. — Ce sont des corps solides provenant des exsudations de divers végétaux. Des essences fréquemment les accompagnent. Celle des pins, après distillation pour obtenir l'essence de térébenthine, est jaunâtre, fusible, à cassure vitreuse, et prend le nom de *colophane*. Elle entre dans la fabrication du papier, pour rendre la pâte imperméable à l'écriture.

Le *mastic* est une résine à grains jaunâtres, translucides, d'une odeur douce et aromatique. On le retire du pistachier lentisque. — La *sandaraque* s'écoule d'un conifère de l'Afrique, le thuya articulé. On l'emploie pour empêcher le papier gratté de boire. — Le *copal* nous vient de l'Inde. Il entre dans la préparation des vernis. — La *gomme-laque* vient également de l'Inde et découle d'une espèce de figuier. Sous forme de bâtons ou d'écailles, elle sert à souder les pièces de terre et de faïence. Elle entre dans la fabrication de la cire à cacheter.

5. Vernis. — Les vernis sont des dissolutions de résines dans l'alcool, les essences, les huiles grasses siccatives. Les *vernis à l'alcool* sèchent rapidement ; on les emploie surtout pour les meubles. Les *vernis à l'essence* et à *l'huile* sèchent avec plus de lenteur, mais ils sont plus solides. On applique les vernis à l'essence sur les peintures ; les vernis gras ou à l'huile sont appliqués sur les métaux, les objets de carrosserie.

6. Caoutchouc. — Le *caoutchouc* ou *gomme élastique* est donné par divers végétaux de la Guyane, du Brésil, de Java. Son imperméabilité, sa souplesse, son inaltérabilité, sa facilité à prendre toutes les formes, le rendent très précieux pour une foule d'usages. On en fait des appareils chirurgicaux, des coussins élastiques, des courroies, des ressorts, des tubes, des rouleaux, des chaussures, des vêtements. En s'associant au soufre, le caoutchouc peut acquérir une souplésse et une élasticité qu'il n'a pas à l'état naturel. Il porte alors le nom de *caoutchouc vulcanisé*.

7. Gutta-percha. — Cette substance est très voisine du caoutchouc par ses propriétés et sa composition chimique, résultant de part et d'autre d'une combinaison de carbone et d'hydrogène. On retire la gutta-percha d'un arbre de la Malaisie. A la température ordinaire, cette matière est dure, à peine élastique ; mais à la température de l'eau chaude elle devient molle et apte à prendre telle forme que l'on veut. On en fait des courroies pour la transmission de mouvement des machines, des enveloppes pour isoler et protéger les fils métalliques des câbles électriques sous-marins.

QUESTIONNAIRE

1. Que nomme-t-on essences ? — Quelles autres dénominations portent-elles ? — Quels sont leurs principaux caractères ? — Quelle est leur composition ?

2. Comment obtient-on l'essence de térébenthine ? — Quel danger présentent les appartements récemment peints à l'essence ?

3. D'où se retire le camphre ? — Quelle est sa composition ? — Dites ses caractères principaux.

4. D'où proviennent les résines ? — Citez les plus importantes.

5. De quoi sont composés les vernis ? — Sur quoi s'appliquent les vernis à l'alcool, les vernis à l'essence, les vernis à l'huile ?

6. D'où provient le caoutchouc ? — Quels sont ses emplois ? — Qu'est-ce que le caoutchouc vulcanisé ? — En quoi diffère-t-il, par ses propriétés, du caoutchouc naturel ?

7. Quelle est la composition du caoutchouc et de la gutta-percha ? — D'où vient cette dernière matière ? — Dites ses propriétés et ses usages.

CHAPITRE XXIV

1. Propriétés générales. — Divers végétaux fournissent, par leurs racines, leurs feuilles, leur bois, leurs fleurs, des matières colorantes, dont quelques-unes sont utilisées en teinture. Il y en a de solubles dans l'eau ; il y en a qui ne le deviennent qu'à la faveur des acides ou des alcools. D'autres ne sont solubles que dans l'alcool, l'éther, les huiles volatiles. Les matières colorantes qui résistent à la double influence de l'air et de la lumière sont dites *bon teint* ; celles qui n'y résistent pas sont qualifiées de *mauvais teint*.

2. Laques. — Mordants. — Diverses matières colorantes se comportent comme des acides faibles et se combinent avec les oxydes pour former des composés insolubles, dont la nuance varie pour une même matière colorante suivant l'oxyde entrant dans la combinaison. Ces composés se nomment *laques*. L'*alizarine*, par exemple, matière colorante de la garance, donne avec l'alumine une laque rouge, et avec l'oxyde de fer une laque noire ou violette suivant les propórtions de l'oxyde.

Beaucoup de matières colorantes ne se fixent pas directement sur les tissus. On a recours alors au *mordançage*, opération qui consiste à imprégner le tissu d'un oxyde métallique. Celui-ci, se combinant avec la matière colorante, forme une laque adhérente aux fibres textiles. Suivant la nature de l'oxyde ou du *mordant* employé, la teinte varie dans un même bain de teinture.

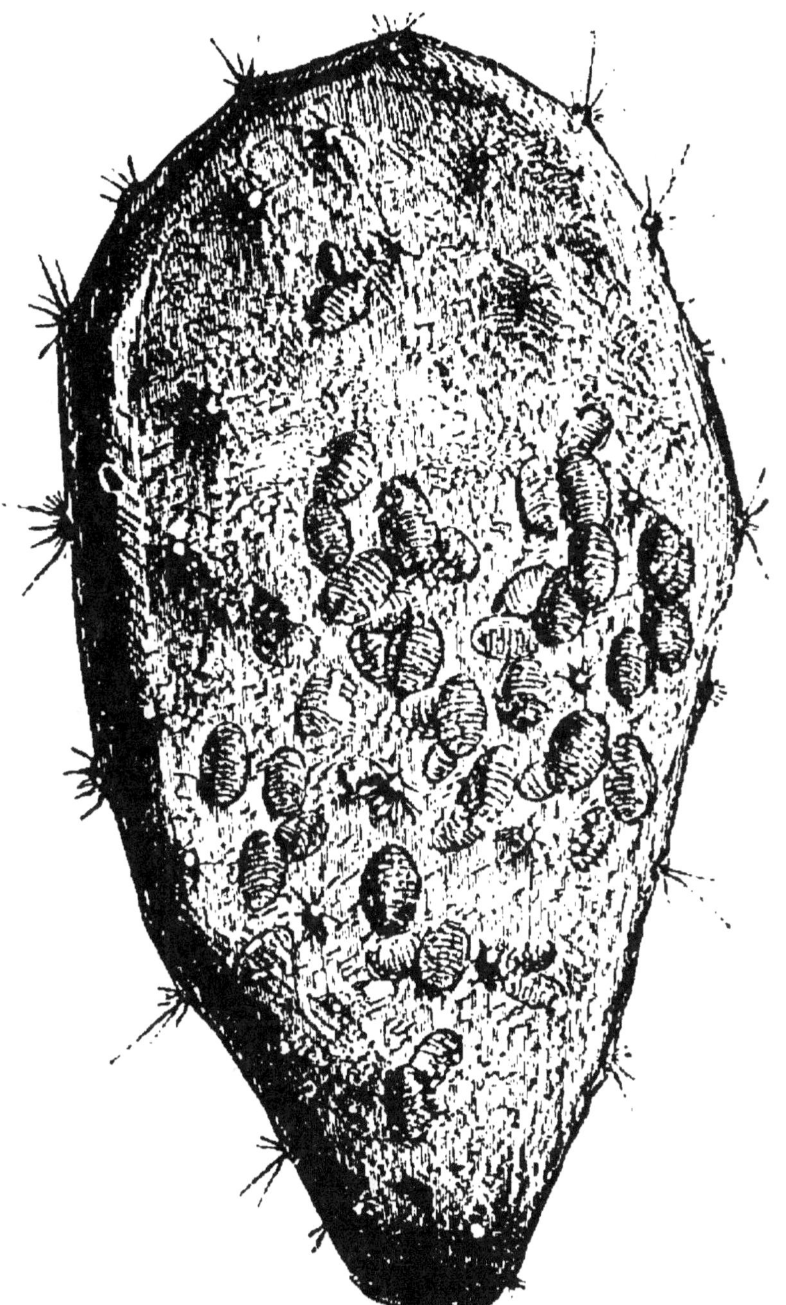

Fig. 19. — Cochenille.

3. Indigo. — L'indigo, une des couleurs bleues les plus solides, s'extrait d'une plante, l'*indigotier*, dont la culture est répandue dans les Indes Orientales. Cette substance est en morceaux irréguliers, d'un bleu violet ou d'un bleu noirâtre. Son principe colorant se nomme *indigotine*.

4. Garance. — La matière tinctoriale nommée *garance* est la racine d'une plante de même nom, objet autrefois d'une grande culture, aujourd'hui presque délaissée, depuis l'invention des couleurs dérivées du goudron de houille. Son principe colorant est l'*alizarine*, qui fournit, suivant la nature du mordant, le rouge, le rose, le noir, le violet, le marron, teintes des plus solides.

5. Cochenille. — La *cochenille* est un petit insecte du Mexique, vivant sur les nopals ou figuiers de Barbarie en nombreuses sociétés, comme le font les pucerons sur les rosiers. Il faut environ

140,000 insectes pour un kilogramme de

Fig. 20. — Safran.

cochenille sèche, dont l'aspect est celui d'une petite graine ridée. La laine et la soie se teignent en écarlate avec la cochenille. On en retire la matière colorante connue dans la peinture à l'aquarelle sous le nom de *carmin*. La combinaison du carmin avec l'alumine donne la *laque carminée*.

6. Safran. — La matière colorante de la plante nommée safran est contenue uniquement dans les trois stigmates des fleurs. Ces stigmates, simplement desséchés ou réduits en poudre, constituent le *safran* commercial, qui fournit une magnifique couleur jaune orangé aux pharmaciens, aux confiseurs, aux parfumeurs, aux liquoristes. On en fait usage aussi pour quelques préparations culinaires.

7. Matières colorantes noires ou brunes. — Toutes les substances végétales renfermant de l'*acide tannique* peuvent servir à produire du gris, du brun, du noir, avec le concours de l'oxyde de fer. Pour teindre, par exemple, la laine blanche en noir, on l'imprègne d'abord de tanin par un séjour dans une infusion de noix de galle, matière riche en acide tannique. On la plonge ensuite dans une dissolution de sulfate de fer. Il se forme sur la laine un composé noir, tannate de fer, insoluble et solidement fixé.

8. Couleurs dérivées du goudron. — La distillation de la houille pour le gaz de l'éclairage produit en abondance un liquide noir, visqueux, très odorant. C'est le goudron, mélange de divers carbures d'hydrogène, les uns solides, les autres liquides, que l'on isole par des distillations ménagées. De ces carbures on fabrique aujourd'hui de nombreuses matières tinctoriales d'une grande beauté, mais qui n'ont pas toujours la solidité désirable. Avec l'un de ces carbures, l'*anthracène*, matière blanche et d'aspect farineux, se prépare l'*alizarine* artificielle, qui a remplacé la garance.

9. Couleurs d'aniline. — Un autre carbure du goudron, la *benzine*, est un liquide incolore, d'une odeur agréable, qui dissout facilement les corps gras ; aussi l'emploie-t-on avec succès pour enlever sur les étoffes les taches graisseuses. La benzine est très inflammable, et le maniement de cette substance doit se faire avec circonspection.

Traitée par l'acide azotique, la benzine donne la *nitrobenzine*, liquide jaunâtre, à forte odeur d'amandes amères et vulgairement connu sous le nom *d'essence de Mirbene*. La nitrobenzine, à son tour, par des manipulations trop complexes pour trouver place ici, se convertit en *aniline*, composé azoté, alcaloïde comparable à ceux dont nous allons nous occuper dans le chapitre suivant. C'est un liquide incolore, d'une odeur vineuse, d'une saveur brûlante. Des matières tinctoriales admirables, le rouge, le violet, le bleu, le vert, le jaune, le noir, dérivent de l'aniline par des traitements variés. Le *rouge d'aniline* est, à l'état solide, une substance cristallisée, d'un splendide vert doré rappelant les élytres de la cantharide. Sa dissolution dans l'eau est d'un magnifique carmin. On donne à cette curieuse matière le nom de *fuschine*. La teinture obtenue avec la fuschine, ainsi qu'avec la plupart des couleurs dérivées de l'aniline, pâlit à la lumière et ne peut supporter le savonnage.

QUESTIONNAIRE

1. D'où proviennent la plupart des matières colorantes ? — Qu'appelle-t-on couleurs bon teint et couleur mauvais teint ?

2. En quoi consiste une laque ? — Quelles laques peut donner la matière colorante de la garance ? — Quel est le but du mordançage ? — Quelle influence exerce le mordant sur la coloration développée ?

3. Que savez-vous sur l'indigo ?

4. Comment se nomme la matière colorante de la garance ? — Quelles teintes fournit-elle ?

5. Qu'est-ce que la cochenille ? — Que sont le carmin et la laque carminée ?

6. D'où provient le safran ? — Quels sont ses usages ?

7. Comment teint-on en noir? — Donnez un exemple.

8. Que trouve-t-on dans le goudron de la houille? — Quel est le carbure avec lequel s'obtient l'alizarine artificielle?

9. Qu'est-ce que la benzine? — Quels sont ses usages domestiques? — Que savez-vous sur la nitrobenzine et l'aniline? — Quelles couleurs fournit l'aniline? — Comment est la fuschine? — Les couleurs d'aniline sont-elles bon teint?

CHAPITRE XXV

ALCALOÏDES

1. Principaux alcaloïdes. — On nomme *alcaloïdes* ou *alcalis organiques* des composés de carbone, d'hydrogène, d'oxygène et d'azote, qui se trouvent dans divers végétaux toxiques ou médicinaux, et se combinent avec les acides pour former des sels, à la manière des oxydes minéraux. Les plantes vénéneuses doivent généralement leurs redoutables propriétés à des alcaloïdes qui s'y trouvent combinés à l'état de sels. Les plantes médicinales agissent également par leurs alcalis organiques. Voici la liste des plus remarquables de ces composés, avec le nom de la plante qui les fournit :

Quinine et *cinchonine*, écorce du quinquina;

Morphine, *codéine*, *narcotine*, suc du pavot;

Strychnine, noix vomique, fruit du strychnos;

Caféine ou *théine*, café ou thé;

Nicotine, tabac;

Conicine, ciguë.

2. Quinine. — Les quinquinas sont des arbres de la Cordillière des Andes. L'écorce, soit du tronc, soit des branches, est la seule partie utilisée. On en retire la *quinine* et la *cinchonine*.

La quinine est une substance solide, blanche, d'une saveur très amère. Elle forme avec les acides des sels cristallisables, tous doués d'une saveur extrêmement amère. Le principal est le *sulfate de quinine*, sel blanc ayant la forme de fines aiguilles, soyeuses et flexibles.

La quinine et les sels qui en résultent, notamment le sulfate, ont des propriétés médicales d'une extrême importance. On les emploie, surtout le sulfate, pour combattre les fièvres et les maladies intermittentes. On se sert dans le même but de l'écorce du quinquina.

3. Morphine. — *L'opium* est fourni par une espèce de pavot, le pavot somnifère, que l'on cultive surtout en Orient. Après la chute des pétales, on fait des incisions aux fruits, têtes ou capsules, qui laissent suinter un suc laiteux bientôt concrété en une masse molle, constituant l'opium. C'est une matière brune, d'une saveur âcre et amère, d'une odeur nauséabonde. Ses propriétés toxiques et médicales, si prononcées, sont dues à divers alcaloïdes, dont le plus remarquable est la *morphine*.

La morphine et ses divers sels sont des substances blanches, d'une saveur extrêmement amère, qui à petite dose provoquent le sommeil, et à dose plus forte sont de violents poisons.

4. Nicotine. — C'est l'alcaloïde auquel le tabac doit ses propriétés. La nicotine est un liquide oléagineux, incolore, assez fluide, d'une odeur âcre, d'une saveur brûlante. Sa vapeur est tellement irritante qu'on respire à peine dans une pièce où l'on a répandu une goutte de cet alcaloïde. La nicotine est un poison des plus violents.

5. Conicine. — C'est le principe toxique de la ciguë. On trouve cet alcaloïde dans les semences, la tige, les feuilles de la plante, qui par son odeur vireuse et nauséabonde fait déjà soupçonner de malfaisantes propriétés. La conicine est liquide, incolore, d'une odeur pénétrante qui amène aussitôt le malaise. Comme la nicotine, c'est un poison des plus redoutables.

QUESTIONNAIRE

1. Quelle est la composition des alcaloïdes ? — Quelle est leur propriété chimique fondamentale ? — Citez les principaux alcaloïdes.

2. Où se trouvent les quinquinas ? — Quelle partie de l'arbre utilise-t-on ? — Quels alcaloïdes renferme l'écorce de quinquina ? — Dites les caractères de la quinine et du sulfate de quinine. — Quels sont les emplois de la quinine et de son sulfate ?

3. Comment s'obtient l'opium ? — Quelles sont ses propriétés ? — Quel est son alcaloïde principal ? — Quels sont les caractères de la morphine ?

4. Quel est le principe actif du tabac ? — Dites quelques propriétés de la nicotine.

5. Quel est le principe actif de la ciguë ? — Quelles sont les propriétés de la conicine ?

CHAPITRE XXVI

MATIÈRES ANIMALES. — CONSERVES ALIMEN-
TAIRES. — TANNAGE.

1. Albumine. — Le rôle prépondérant dans l'organisation animale revient à quelques substances quaternaires azotées, douées de propriétés différentes avec même composition chimique. Ce son, l'*albumine* et la *fibrine,* auxquelles il faut adjoindre la *caséine.*

Le blanc de l'œuf nous fournit l'exemple le plus familier de l'albumine. Il en est presque entièrement formé. On retrouve exactement le même principe dans le sang et les divers liquides de l'organisation. La chaleur coagule l'albumine, qui devient alors d'un blanc mat, ainsi que nous l'apprend le blanc d'œuf cuit. L'alcool la coagule à froid. C'est à cause de cette propriété que le blanc d'œuf est utilisé pour clarifier les vins. Au contact de la liqueur alcoolique, l'albumine se prend en une trame solide qui englobe dans son réseau et entraîne les matières solides qui rendaient le vin trouble. L'albumine contient toujours une faible proportion de soufre; aussi dégage-t-elle du gaz sulfhydrique en se putréfiant.

2. Fibrine. — La *fibrine* se trouve dans le sang, qui lui doit la propriété de se coaguler spontanément dès qu'il n'est plus sous l'influence de la vie. Une fois coagulée, c'est une matière blanche, sans odeur ni saveur. La chair musculaire, débarrassée du sang qui l'imprègne et de ses matières grasses, c'est-à-dire réduite à ses seules *fibres*, n'est autre que de la fibrine. Aussi peut-on, avec juste raison, appeler *chair coulante* le sang tel qu'il est dans l'animal, puisqu'il renferme en dissolution la substance même des fibres musculaires ou de la chair. Au nombre de ses principes, le *gluten* des céréales renferme de la *fibrine végétale,* pareille à celle de l'animal. Il y a dans la farine du froment la substance même de la chair musculaire.

3. Caséine. — Sous l'influence d'un acide quelconque, le lait *tourne,* comme on dit vulgairement, c'est-à-dire produit des grumeaux, des caillots d'une matière blanche appelée *caséine* et constituant la majeure part du fromage. On retrouve dans l'organisation végétale, notamment dans le gluten brut des céréales, de la caséine chimiquement identique à celle du lait.

4. Gélatine. — Colle forte. — Les cartilages, la matière animale des os, les tendons, la peau non tannée, donnent, au moyen d'une ébullition prolongée dans l'eau, une dissolution visqueuse, qui se prend en gelée par le refroidissement. La substance ainsi obtenue se nomme *gélatine*. Plus ou moins pure, cette matière constitue la *colle forte*, dont les applications sont si nombreuses, surtout en menuiserie et en ébénisterie.

5. Urée. — L'exercice de la vie entraine la destruction incessante des organes et leur rénovation. Les résidus hors de service se nomment *excrétions*. Le produit de la destruction des matières azotées est l'*urée*, principe essentiel de l'urine. C'est une substance solide, cristallisant en longs prismes incolores transparents. Quand l'urine se putréfie, l'urée se décompose en fournissant de l'ammoniaque. Cette propriété nous rend compte des exhalaisons à odeur pénétrante de l'urine putréfiée.

6. Putréfaction. — Abandonnée par la vie, la matière organisée s'altère rapidement, se décompose et se putréfie sous l'influence de l'air et de l'humidité. La putréfaction est un fait complexe qui rappelle la fermentation, en ce sens que les principes constitutifs de l'animal et de la plante, dès qu'ils ne sont plus protégés par la force de la vie, sont livrés à l'action d'êtres inférieurs, végétaux ou animaux microscopiques, qualifiés de *ferments*, de *microbes*. Sous leur influence, la matière en putréfaction est brûlée par l'oxygène atmosphérique; son carbone devient gaz carbonique, son hydrogène eau, son azote ammoniaque, dont la végétation fera emploi pour de nouvelles œuvres vivantes.

7. Conservation des matières alimentaires. — Les procédés de conservation des matières alimentaires sont de deux sortes : 1° on soustrait ces matières à l'action de l'air et des ferments; 2° on les imprègne de certaines substances appelées *antiseptiques*.

Enfermées dans des vases hermétiquement clos, dans des boîtes en fer-blanc scellées à la soudure, puis soumises quelques instants à la température de l'eau bouillante, qui tue les germes de ferments qu'elles peuvent contenir, les matières organiques, soit végétales, soit animales, sont préservées de la putréfaction. Ainsi se préparent généralement les *conserves alimentaires*.

La préservation par le sel ou la *salaison* est également très usitée, et consiste à imprégner de sel marin la substance à conserver. C'est ainsi que se préparent les viandes salées, la morue. Après le sel, l'antiseptique le plus employé est la fumée de bois vert dans des huttes destinées à cet usage.

8. Tannage des peaux. — La peau desséchée sans préparation s'altérerait promptement si l'on ne l'imprégnait d'un antiseptique, le *tanin*, éminemment apte à former avec elle des composés imputrescibles. Ainsi préparée, la peau s'appelle *cuir* ou peau *tannée*, à cause du *tan* ou écorce de chêne riche en tanin, qui joue le principal rôle dans cette opération. Le tannage se fait dans des fosses où l'on dispose les unes sur les autres les peaux épilées, en les séparant par des couches de tan. On fait alors arriver de l'eau dans la fosse en quantité suffisante pour baigner toute la masse. L'opération est longue et dure de cinq à huit mois.

QUESTIONNAIRE

1. Quels sont les principes essentiels de l'organisation animale? — Quelle est leur composition? — Dites les propriétés et les usages de l'albumine.

2. Que savez-vous sur la fibrine? — Pourquoi le sang peut-il être qualifié de chair coulante?

3. Qu'est-ce que la caséine?

4. Comment s'obtient la gélatine? — Qu'est-ce que la colle forte des menuisiers?

5. En quoi se transforment les matériaux azotés de l'organisation par l'exercice de la vie? — Comment est l'urée? — D'où provient l'odeur ammoniacale des urines putréfiées?

6. Que se passe-t-il dans la putréfaction? — Qu'appelle-t-on microbes?

7. Comment se préparent les conserves ali-

mentaires ? — Quels antiseptiques met-on en usage pour la conservation des matières alimentaires ?

8. Qu'est-ce que le cuir ? — Comment se pratique le tannage des peaux ?

FIN

TABLE DES MATIÈRES

CHIMIE ORGANIQUE

————————————

SOCIÉTÉ ANONYME D'IMPRIMERIE DE VILLEFRANCHE-DE-ROUERGUE
Jules BARDOUX, Directeur.